环境规制的

影响因素及其经济效应研究

于文超 著

西南财经大学出版社
Southwestern University of Finance & Economics Press

图书在版编目(CIP)数据

环境规制的影响因素及其经济效应研究/于文超著. —成都:西南财经大学出版社,2014.8
ISBN 978 – 7 – 5504 – 1541 – 6

Ⅰ.①环…　Ⅱ.①于…　Ⅲ.①环境管理—研究—中国　Ⅳ.①X321.2

中国版本图书馆 CIP 数据核字(2014)第 188339 号

环境规制的影响因素及其经济效应研究
于文超　著

责任编辑:张明星
助理编辑:涂洪波　赵　琴
封面设计:何东琳设计工作室
责任印制:封俊川

出版发行	西南财经大学出版社(四川省成都市光华村街 55 号)
网　　址	http://www.bookcj.com
电子邮件	bookcj@foxmail.com
邮政编码	610074
电　　话	028 – 87353785　87352368
照　　排	四川胜翔数码印务设计有限公司
印　　刷	郫县犀浦印刷厂
成品尺寸	170mm×240mm
印　　张	9.5
字　　数	165 千字
版　　次	2014 年 8 月第 1 版
印　　次	2014 年 8 月第 1 次印刷
书　　号	ISBN 978 – 7 – 5504 – 1541 – 6
定　　价	48.00 元

内容摘要

改革开放以来，中国虽然在经济建设方面取得了巨大成就，但也面临着来自于国际与国内的双重环境压力。发达国家在国际气候谈判中要求中国承担更多的环境保护责任和义务，而中国长期存在的粗放式经济发展模式，也使资源环境对经济发展的约束日益凸显。环境污染问题产生的首要原因在于污染负外部性导致的市场机制失灵，因此，来自政府层面的环境规制尤为必要。然而，环境规制政策的制定和实施往往受制于地方政府的现实需要（如经济增长、增加税收）。在地方官员"为增长而竞争"的格局下，官员政绩诉求将导致地方政府过分追求短期经济增长，忽视教育、卫生、环境保护等民生问题，进而形成环境规制政策"软约束"。近年来，突发性环境事件屡屡发生，不仅造成了巨大的经济损失，更给人民群众生命财产安全带来直接的威胁。不可否认，这与一些地方政府为追求经济增长而忽视环境约束存在直接关系。

与此同时，积极有效地利用外资是中国一项重要的对外开放政策，2011年中国实际利用外资额达到1176.98亿美元。外商直接投资在为中国经济发展提供强劲动力的同时，其所产生的环境效应为诸多学者所关注。在经济全球化的背景下，外商直接投资带来的是生态环境污染的跨国转移，还是为东道国带来清洁生产技术和绿色发展理念？这一问题值得我们关注。

在已有文献的基础上，本书重点关注三个问题：官员政绩诉求是否为导致环境污染事故频发的重要因素？外商直接投资是否会提升地区环境规制强度？地区环境规制是否会带来企业生产效率的提高？正确回答上述问题，不仅有利于我们从国际、国内两个视角对影响地区环境规制的诸多因素做出分析比较，更能从企业生产效率的视角，清晰刻画环境规制所带来的经济效应，进而对是否能够实现环境质量改善和经济效益提升"双赢"提供理论支持。本书共分为7章。各章的具体内容安排如下：

第1章为导论，重点介绍了本书的研究背景和意义、环境规制概念的界定和分类、整体研究思路以及创新与不足之处。

第2章为文献综述，重点对已有文献进行归纳梳理。主要包括地方政府激励与经济增长、地方政府竞争与地区环境保护、外商直接投资与地区环境规制的关系研究、地区环境规制对企业生产效率的影响四部分。本章从理论和实证两方面总结了已有文献的主要方法和结论，并指出需要进一步深化的研究方向，进而突出了本书研究创新与价值所在。

第3章介绍了中国工业污染状况与环境规制的演进。主要由环境管理机构的历史变迁、环境保护法律法规的建立与完善、环境规制政策工具的丰富、工业污染的状况描述等几部分组成。这有助于我们全面了解中国环境规制政策的演进历史，把握环境保护工作取得的阶段性成果，为本书后续研究的展开奠定基础。

第4章使用地区经济相对增长绩效衡量地方官员的政绩诉求，以1992—2006年的省级面板数据为研究样本，实证考察官员政绩诉求对辖区环境污染事故的影响。结果发现，地方官员的政绩诉求是导致辖区环境污染事故频发的重要因素，而且这一影响在沿海地区更加明显。与此同时，外商投资企业的比重、地区产业结构、地方官员的个人特征也在不同程度上影响着环境污染事故的发生。这一发现不仅为人们理解环境污染事故频发的原因提供了理论依据，也为近年来的官员考核机制改革提供了证据支持。

第5章使用2003—2010年中国各城市层面数据，实证分析了外商直接投资对地区环境规制强度的影响，并对这种影响的渠道做出了验证。主要结论有两点：一是从总体上看，外商直接投资能够显著提升地区环境规制水平，基于城市面板数据的经验证据并不支持外商直接投资的"污染天堂假说"。二是在经济增长绩效较好、人力资本丰富的地区，FDI对地区环境规制的正向作用越显著。由此可见，弱化经济增长绩效在官员政绩考核中的作用，提升地区人力资本水平，将有效发挥FDI流入对于改善地区环境质量的积极作用。

第6章基于世界银行2005年的企业调查数据，对"波特假说"做出了实证检验，并在考虑企业异质性的情况下，考察了当期环境规制与滞后一期环境规制对企业生产效率的影响。结果显示：一是当期环境规制强度与企业生产效率显著负相关，滞后一期环境规制强度与企业生产效率显著正相关；二是政治关联将显著降低企业生产效率；三是就政治关联较强的企业而言，环境规制强度对企业生产效率的影响较弱。上述结论不仅为"波特假说"提供了微观证据，也证明中国环境规制政策在执行过程中存在较大弹性。

第7章总结了研究结论和启示，并指出未来的研究方向。

本书有如下几方面的贡献：

（1）从研究视角上讲，环境保护问题是当下政策制定者与社会公众普遍关心的热点问题。本书的研究对此不仅具有理论贡献，更具有重要的现实意义。针对不断出现的环境污染事故，本书对其背后的经济制度因素进行了系统论述总结，并首次证实官员政绩诉求是造成环境污染事故频发的重要原因。进一步，本书以环境规制强度而非实际污染水平为关注点，证明了FDI对于提升环境规制强度的积极作用，并对影响机制和渠道做出检验。上述发现丰富了相关领域的研究文献，不仅为近年来的官员考核机制改革提供了理论支持，也为政府制定相关政策措施，以发挥FDI对于地区环境治理的积极作用，提供了有益的借鉴。

（2）从分析方法上看，本书在理论分析的基础上，注重对各研究问题的定量分析和实证检验，并根据不同问题的实际需要，运用多种计量方法（包括两阶段最小二乘法、固定效应泊松回归、系统广义矩估计方法）展开相关研究，力求得到更加可靠和令人信服的结论。

（3）从数据使用上看，本书尝试基于不同层次的样本数据（包括省级层面数据、城市层面数据、企业调查数据）为所研究问题寻求证据支持。尤其是在对"波特假说"的实证考察中，与国内已有研究多基于地区、行业层面数据不同，本书为检验"波特假说"在中国是否成立提供了微观层面的经验证据，并通过区分样本企业的行业、区域、所有制以及政治关联强弱，对地区环境规制强度与企业生产效率之间的关系做出深入分析。

关键词：官员政绩诉求；地区环境规制；企业生产效率；经济增长绩效；两阶段最小二乘法

Abstract

Since China's reform and opening up in 1978, great achievement in economic construction has been made. Meanwhile, China faces the international and domestic environmental pressure. In international climate negotiations, developed countries have required China to take more environmental protection responsibilities and obligations. The long-standing extensive mode has resulted in obvious resource and environmental constraints on economic development. The leading cause of environmental pollution problems is the market failure resulting from the negative externality of pollution; therefore, environmental regulation is quite essential.

The policy implementation of environmental regulation is often affected by local government targets, such as, economic growth and tax increase. The local government that competes for economic growth pays excessive attention to the short-term growth, and ignores the livelihood issues, e. g., education, health, and environmental protection. That will lead to the soft constraints of environmental regulations. In recent years, environmental accidents have often happened, which not only caused huge economic loss, but also brought direct threat to peoples' safety and property. Undoubtedly, there are direct relationships between the environmental accidents and soft constraints resulting from governments' excessive attentions to economic growth.

Using foreign direct investment (FDI) actively and effectively has always been an important matter. In 2011, the foreign capital actually utilized reaches 117.698 billions of dollars. Researchers focus on the environmental effect of FDI, while FDI provides strong impetus for China's economic development. Under the background of economic globalization, whether FDI has been with the multinational pollution transfer or FDI brought about clean production technology and green development concept? This issue is worthy of our concern.

Based on the existing literature, this thesis focuses on the discussion about the following three questions. The first one is whether the officials' political achievement demand is an important factor leading to environmental pollution accidents. The second one is whether FDI improves the intensity of environmental regulation. The last one is whether the environmental regulation improves the enterprises productivity. The answers to the three questions would help us compare the factors affecting environmental regulation from the international and domestic view. Meanwhile, it also provides us a theoretical test on the question that whether we could realize the win-win situation of environmental protection and economic development. This thesis includes 7 chapters, and the main idea of each chapter is listed as follows:

Chapter one firstly illustrates the research background and importance, and then introduces the definition and classification of the environmental regulations, and finally gives the frame, the innovation and deficiency of this research.

The second chapter reviews the relevant literatures, including the local governments' incentive and economic growth, local governments' competition and environmental protection, the relationship between FDI and environmental regulation, the effect of environmental regulation on enterprises productivity. From the theoretical and empirical angle, it makes some comments and points out the directions and value of further research.

Chapter three introduces the evolution of China's environmental regulation and the situation of industrial pollution. It mainly includes following contents: the institutional change of environmental management; the continued perfection of environment law, the enrichment of policy instrument and the description of industrial pollution. These works help us understand the changing course of China's environmental policies and phased results of environmental protection, which is the foundation for further research.

Chapter four investigates the effect of officials' political achievement demand on environmental pollution accidents using the provincial panel data from 1992 to 2006 as sample. After measuring officials' political achievement demand using the relative performance of economic growth, we find that there is significantly positive relationship between officials' political achievement demand and environmental pollution accidents, and this relationship is more significant in coastal areas. At the same time, the ratio of foreign-invested enterprises, industrial structure and the personal characteristics of local officials also have significant effect on environmental pollution accidents. These findings provide us not only the theoretical evidence to understand the reasons of environmental pollution accidents, but also the evidence to support the reform of officials' evaluation system.

Chapter five analyzes the relationship between FDI and environmental regulation using Chinese city-level data between 2003 and 2010. The results suggest that firstly, on the whole, FDI is accompanied with more stringent environmental regulation. The empirical evidence based on the city-level data doesn't support the "pollution haven hypothesis" of FDI. Secondly, the positive effect of FDI on environmental regulation is more significant in the regions with better economic growth performance and richer human capital. The results infer that, FDI can play more efficient role on improving environmental quality when we weaken the performance evaluation of economic growth and raise the human capital.

Chapter six empirically analyzes the relationship between environmental regulation and enterprises productivity based on the World Bank's enterprise survey data. Our research takes the firm heterogeneity into account and empirically tests the "Porter hypothesis". We find that firstly, current intensity of environmental regulation is significantly and negatively related to enterprises productivity, while lagged intensity of environmental regulation is significantly and positively related to enterprises productivity. Secondly, political connection significantly reduces enterprises productivity. Thirdly, the intensity of environmental regulation has weaker effect on the productivity of enterprises with stronger political connection. These findings not only provide micro-level evidence for "Porter hypothesis", but also prove there is large elasticity in the implementation process of Chinese environmental regulation policies.

The last chapter draws out the conclusions, gives relevant implications, and points out directions for further study.

Compared with the existing literatures, the innovations of this study are as following:

Firstly, from the research viewpoint, environmental protection is a hot topic that policy makers and the public pay close attention to. This study has theoretical contribution and realistic significance. Aiming at the frequent pollution accidents, this study systematically summarizes the underlying reasons, and firstly confirms the important role of officials' political achievement demand. Additionally, focusing on environmental regulation rather than environmental pollution, this study suggests the positive effect of FDI on the environmental regulation, and verifies influencing mechanism. These findings enrich relevant literature, and provide evidence to support the reform of officials' evaluation system and valuable references to use the environmental effects of FDI.

Secondly, in terms of analysis methods, this study pays more attention to quantitative analysis and empirical test. In order to draw more reliable conclusions, this study uses several methods according to different issues, such as 2SLS, fixed−effected poisson regression and system GMM.

Thirdly, for seeking the empirical supports, the research sample consists of different level data, e. g., provincial panel data, city−level data, and enterprise survey data. Especially, domestic literatures investigating the "Porter hypothesis" always use district−level or industry−level data as sample. By contrast, our research provides the micro evidence for investigating the "Porter hypothesis". Additionally, we make further analysis to the relationship between environmental regulation and enterprise productivity, considering enterprises' difference in industry, region, ownership and political connections.

Key Words: Political Achievement Demand of Officials; Environmental Regulation; Enterprises Productivity; Economic Growth Performance; 2SLS

目　录

1. 导论

1.1 研究背景

进入 20 世纪以来，全球气候变暖、污染物大量排放、森林和草原严重退化等一系列环境生态问题，不仅对人类的生存环境构成直接威胁，也对经济社会的可持续发展形成了严重制约。根据联合国环境规划署（UNEP）测算，2008 年，人类活动造成的全球变暖与环境破坏所引发的经济损失达到 6.6 万亿美元，占全球国内生产总值（GDP）总量的 11%。除此之外，2012 年全球风险报告将环境问题和气候变化列为下一个十年全球面临的最大风险之一，而温室气体排放量上升是环境类风险的核心风险。近年来，在世界范围内频发的极端天气和严重自然灾害，也使得人类社会付出了惨重的代价（李树和陈刚，2013）。面对经济发展与环境保护失衡对人类社会提出的严峻挑战，各国政府也在积极探索应对全球环境污染和气候变化的有效途径。2009 年，在丹麦哥本哈根召开的世界气候大会，汇集了 194 个国家的谈判代表和 119 位国家元首与政府首脑，极大地促进了全球社会对于气候变化问题的关注。

改革开放以来，中国经济发展取得了举世瞩目的巨大成就，2010 年中国国内生产总值达到 39.8 万亿元，位居世界第二位，而国家财政收入则达到 8.3 万亿元。在经济建设取得重大成就的同时，伴随而来的是日益严峻的环境压力：一方面，伴随着国际地位的不断提高，国际社会尤其是发达国家要求中国在减少温室气体排放等方面承担更多的责任和义务；同时，中国积极参与环境保护国际合作。截至 2009 年，中国已经加入 30 多项国际环境公约，内容涉及气候变化、臭氧层保护、生物多样性保护等方面。另一方面，中国的高速经济增长在一定程度上是依靠高污染、高排放的粗放式经济增长模式实现的，这不仅造成了严重的环境污染，也使资源环境对经济发展的约束日渐凸显。因此，提高经济发展的质量效益，推进经济增长方式向集约型转变，成为中国未来实现可持续发展的必由之路。

我们欣喜地看到，中国政府一直高度重视环境保护工作。早在 20 世纪 90 年代，中国就将可持续发展战略作为中国经济和社会发展的基本指导思想。2003 年，统筹人与自然和谐发展更是成为科学发展观的基本内涵之一。党的十六届五中全会进一步将"建设资源节约型、环境友好型社会"确定为经济社会发展过程中的一项重要战略任务。中国政府采取了一系列环境治理措施，也取得了明显的环境治理成效。"十一五"期间，化学需氧量和二氧化硫排放量与 2005 年相比，分别下降了 12.45% 和 14.29%，城市污水处理率从 2005 年的 52% 增加到 72%。图 1.1 显示，1999—2011 年中国环境污染治理投资的绝对值及其占国内生产总值的比重呈现上升趋势。2011 年中国环境污染治理项目投资额为 6592.8 亿元，占当年 GDP 的比重为 1.39%。由此可见，环境污染治理工作日益受到重视。然而，不可否认，中国依然面临着严峻的环境形势。根据世界银行 2007 年估计，空气和水污染对于中国经济造成的健康和非健康损失相当于中国 GDP 的 5.8%，而 2010 年中国环境退化成本的增速已经明显超过 GDP 增速。在全球环境绩效指数（EPI）排名中，中国在 2006 年排名第 94 位，在 2008 年排名第 105 位，在 2010 年排名第 121 位，在 2011 年排名第 116 位，一直徘徊在环境评级较差的橙色区间之内（王文普，2012）。

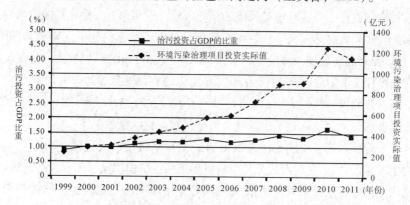

图 1.1　环境污染治理投资及其占国内生产总值比重

数据来源：2000—2012 年中国统计年鉴，环境污染治理项目投资使用 GDP 平减指数调整为以 1978 年为基年的实际值。

环境污染问题发生的首要原因在于，环境本身是一种公共性资源，由于负外部性的存在，环境成本往往不是全部由污染者来承担，而是由其他人或者社会来承担，由此导致市场机制的失灵。在市场失灵的情况下，来自政府层面的环境规制对于克服环境污染的负外部性甚为必要。然而，地方政府层面的政策制定未必是以环境保护为唯一目标，环境规制政策的制定与实施往往受制于地方政府发展经济、增加税收以及稳定就业的需要。由于政治激励和财政激励的存在，各地区形成的"为增长而竞争"的格局会导致地方官员追求短期经济增长，而忽视教育、卫生、环境保护等民生问题（陈钊和徐彤，2011）。

与此同时，为了争取更多的流动性要素（如物质资本），地方政府会将放松地区环境规制作为招商引资的一种竞争手段（陶然等，2009），地方政府在环境治理支出上呈现的策略性行为进一步证实了这一论断（杨海生等，2008；张征宇和朱平芳，2010）。最近的研究表明，地方政府在交通基础设施方面的投资会带来更高的 GDP 增长率，从而使地方官员（市长和市委书记）获得政治晋升；相比之下，环境保护投资支出却与官员升迁概率显著负相关（Wu等，2013）。上述分析说明，较强的官员政绩诉求可能会降低地区环境规制水平①，使得环境规制政策难以落到实处。

随着经济全球化进程的加速，世界范围内外商直接投资（FDI）的规模不断扩大。根据联合国贸发组织预计，2011 年外商直接投资的流量将达到 1.4 万亿~1.6 万亿美元，2012 年外商直接投资流量将达到 1.7 万亿美元，而到 2013 年将达到 1.9 万亿美元②。越来越多的学者开始关注外商直接投资对东道国环境质量的影响：一部分学者担心，为了实现企业利润最大化，跨国企业倾向于将污染密集型产业转移到环境规制水平较低的国家或地区以减少污染治理成本，进而导致发展中国家成为"污染天堂"（List 和 Co，2000；Xing 和 Kolstad，2002）；另一部分学者则认为，FDI 的流入不仅不会引起东道国环境质量的恶化，反而会显著改善区域环境质量（Liang，2008；盛斌和吕越，2012；许和连和邓玉萍，2012）。已有文献结论的不一致，促使本书利用中国城市层面数据，对外商直接投资与地区环境规制之间的关系做出重新考察。

综上所述，官员政绩诉求和外商直接投资是影响地区环境规制水平的两类重要因素。关注这两类因素能够促使笔者从国内、国际两个视角对影响地区环境规制的因素做出系统考察，进而为日后环境规制政策的制定和实施提供有益参考。在上述研究的基础之上，本书将继续关注另一个问题：环境规制水平的提升会产生怎样的经济效应？对此，笔者将从企业生产效率的角度做出考察，企业生产效率的不断提高不仅是企业自身竞争力和可持续发展能力的重要体

---

① 为了论述方便，本书将环境规制水平提升等同于环境规制强度增加。

② 商务部外国投资管理局，商务部投资促进事务局. 中国外商投资报告 2011 [M]. 北京：经济管理出版社，2011：6.

现，也是转变总体经济发展方式，提高经济发展质量和效益的基石。经典的
"波特假说"认为，适当的环境规制将激励企业进行生产技术和组织方式的革
新，进而提高企业的生产效率和市场竞争力。

那么，对于中国而言，环境规制强度的增加能否带来企业生产效率的提
升？这一问题的答案不仅具有理论上的贡献，而且具有强烈的现实意义。显而
易见，如果严格的环境规制能够带来企业生产率的提升，那么我们无疑能够收
获环境质量改善和经济效益提升的"双赢"；与之相反，如果严格的环境规制
将损害企业生产效率，我们就需要在环境保护与经济效益之间做出艰难取舍和
选择，在制定和实施环境规制政策过程中难免要"投鼠忌器"。

1.2 环境规制的定义、分类和比较

1.2.1 环境规制的定义

在给出环境规制的定义之前，首先关注"规制"（Regulation）一词的定义。
尽管学者们对规制的定义存在一定差异，但他们对规制各要素（包括规制主
体、规制客体和规制手段）的界定上是一致的。《社会科学纵览——经济学系
列》给出了对于"规制"的详尽解释：规制是公共政策的一种形式，即通过
设立政府职能部门来管理经济活动；通过对抗性立法程序而不是无束缚的市场
力量来协调产生于现代产业经济中的经济冲突。日本学者植草益将"规制"
定义为：依据一定的规制对构成特定社会的个人和构成特定经济的经济主体的
活动进行限制的行为。[①] 史普博对"规制"的界定为：由行政机关制定并执行
的直接干预市场配置机制或间接改变企业和消费者的供需决策的一般规制或特
殊行为。[②] 施蒂格勒提出了被广泛认可的定义范式：规制作为一项规则，是对
国家强制权的运用，是应利益集团的要求为实现其利益而设计和实施的。[③]

一些国内学者也尝试对规制的内涵提出自己的见解。王俊豪指出：政府规
制是具有法律地位的、相对独立的政府规制者（机构），依照一定的法规对被

---

① 植草益. 微观规制经济学 [M]. 朱绍文，译. 北京：中国发展出版社，1992：1.

② 丹尼尔·F. 史普博. 管制与市场 [M]. 余晖，何帆，钱家骏，等，译. 上海：上海三联
书店、上海人民出版社，1999：45.

③ 施蒂格勒. 产业组织与政府管制 [M]. 潘振民，译. 上海：上海三联书店、上海人民出
版社，1996.

规制者（主要是企业）所采取的一系列行政管理与监督行为[①]。杨建文认为：政府规制是政府部门通过对某些特定行业或企业的产品定价、产业进入与退出、投资决策、危害社会环境与安全等行为进行的监督与管理。[②]

在对规制的内涵进行界定的基础上，本书进一步梳理环境规制的定义。在最初的界定中，环境规制被认为是政府通过行政手段对环境资源利用进行直接的控制，其中，市场机制不发挥任何作用。此后，环境税、补贴、可交易的排污许可证交易等经济手段逐渐开始发挥环境规制的作用，因此，经济手段也被纳入政府环境规制的范畴。

进入 20 世纪 90 年代以来，环境规制的定义得到进一步发展和完善，一些自愿型手段如生态标签、环境听证、认证等充实了环境规制的政策工具选择。在总结前人研究的基础上，赵玉民等（2009）提出环境规制是以环境保护为目的、个体或组织为对象、有形制度或无形意识为存在形式的一种约束性力量。赵红（2011）认为，环境规制作为社会规制的一项重要内容，是指由于环境污染具有外部不经济性，政府通过制定相应的政策与措施，对企业的经济活动进行调节，以达到保持环境和经济发展相协调的目标。[③] 王文普（2012）将环境规制理解为政府为保护环境而采取的对经济活动具有影响的一系列措施。郎铁柱和钟定胜（2005）认为，环境管理是指国家运用行政、经济、法体、技术、教育等手段，对人类活动施加影响和控制，以协调人与环境之间的关系，实现可持续发展。

借鉴上述分析，本书将环境规制界定为政府为实现环境保护与经济发展"双赢"，通过制定相应政策措施（如法律制度、政策和污染物排放标准等），对经济活动主体（以企业为主）行为进行调节规范，同时对环境污染破坏行为进行禁止、限制的管理活动。

1.2.2　中国环境规制政策的分类和比较

环境规制可以分为三类：命令控制型环境规制、基于市场激励的环境规制以及自愿型环境规制。①命令控制型环境规制，是指政府通过立法或制定的行政部门规章、条例和法律来确定环境规制的相关目标与标准，并且通过行政命令的方式要求企业予以遵守，同时借助于法院机构、警察部门、罚款手段来执行的环境

---

① 王俊豪. 政府管制经济学导论 [M]. 北京：商务印书馆，2001：1.
② 杨建文. 政府规制：21 世纪理论研究潮流 [M]. 上海：学林出版社，2007：2.
③ 赵红. 环境规制对中国产业绩效影响的实证研究 [M]. 北京：经济科学出版社，2011：35.

规制。②基于市场激励的环境规制，是指那些通过市场信号引导促使企业做出相应的环境保护行为决策，而不是通过制定明确的污染控制水平或者方法来规范人们活动的行为，因此，其也被称为经济激励的环境规制。③自愿型环境规制，是指通过直接或者间接的施加压力、劝说等方式将环境意识以及责任内化到行为个体的经营决策之中，与正式的环境规制类型不同，这些非正式环境规制一般而言并不具有强制约束力，而是建立在企业自愿参与、自愿实施的基础之上。表 1.1 简要概括了环境规制的分类、优缺点以及中国环境规制工具的演进过程。

表 1.1　　　　环境规制的分类、优缺点与中国环境规制工具的演进

政策工具		优、缺点	中国重要的环境规制工具	
			名称	确立依据/确立时间
命令控制型环境规制	如排放标准、生产过程标准、绩效标准、能源或废弃物消减目标、产品标准等。	优点：对应付复杂的生态和技术风险具有一定的优势。缺点：①迫使每个厂商承担同样份额的污染控制负担，而不考虑相应的成本差异问题；②阻碍污染控制技术的发展，降低企业采用新技术的激励。	环境影响评价制度	《中华人民共和国环境保护法》（试行）（1979）
			"三同时"制度	《关于保护和改善环境的若干规定》（1973）
			排污许可证制度	《中华人民共和国水污染防治法实施细则》（1988）
			关停污染企业和限期治理	《中华人民共和国环境保护法》（1989）
基于市场激励的环境规制	如排污收费或税、废弃物或能源使用收费或税、产品收费或税、污染排放交易、能源或废弃物削减交易、产品交易等。	优点：①以较低的成本实现较高的治污效率；②对技术革新及扩散存在持续激励。缺点：实施过程中可能会遇到许多障碍，如来自利益集团的抵制、来自公众的抵制、复杂的设计和执行程序等。	超标排污收费制度	《征收排污费暂行办法》（1982）
			排污即收费制度	《排污费征收使用管理条例》（2003）
			生态环境补偿费	《江苏省集体矿山企业和个体采矿收费试行办法》（1989），并在广西、福建、山西等多地展开
			城市排水设施使用费	《国家物价局、财政部关于征收城市排水设施使用费的通知》（1997 年）
			补贴政策	《征收排污费暂行办法》（1982）
			排污许可证交易(试点)	上海、沈阳等 11 个城市试点（1985 年）
			矿产资源税和补偿费	《中华人民共和国矿产资源法》（1986）

表1.1(续)

政策工具	优、缺点	中国重要的环境规制工具	
		名称	确立依据/确立时间
自愿型环境规制	如环境管理认证与审计，如ISO14001、EMAS、生态标签、环境协议等。	公众参与和社会舆论监督	《中华人民共和国环境保护法》(1989)
	优点：降低政府的监管成本，赋予企业更大的灵活性从而产生更强的技术创新激励。缺点：若无政府强制，自愿环境规制可能流于形式而成为欺骗消费者的广告宣传。	国际环境管理系统认证	1995年开始全国推行
		清洁生产和全过程控制	《中华人民共和国清洁生产促进法》(2002)
		环境标志	中国环境标志认证委员会(1994)

资料来源：赵玉民，朱方明，贺立龙. 环境管制的界定、分类和演进研究［J］. 中国人口·资源与环境，2009（6）；金培，等. 资源与增长［M］. 北京：经济管理出版社，2009：279-280.

1.3 研究思路和文章结构

具体而言，全书研究按照如下思路展开：

首先，介绍本书的研究背景和研究意义，结合已有文献对环境规制的内涵做出界定，概括本书的主要创新点与不足之处。

其次，归纳梳理相关研究文献，并做出相应评述，从而找出既有研究的不足与亟待改善之处，为本书的研究创新指明方向。进一步地，本书对中国环境保护工作的历程和现状、中国环境规制政策工具的分析和实施状况进行系统总结回顾。

再次，在理论分析的基础上，通过严谨的实证分析对本书所关心的问题做出考察，进而构成全书的3大核心章节。本书着眼于三个主要问题：①地方官员的政绩诉求是否为造成环境污染事故频发的重要制度因素？②有哪些因素会影响到地区环境规制强度？外商直接投资影响环境规制强度的机制和渠道如何？③严格的环境规制是否会提升企业生产效率？"波特假说"在中国是否成立？为此，本书基于多层次的样本数据（省级数据、城市数据和企业调查数据），利用多种计量方法（两阶段最小二乘法、固定效应泊松回归、系统GMM估计）对上述问题做出解答。

最后，总结研究结论，在此基础上提出相关政策建议。总体而言，本书逻辑分析框架如图 1.2 所示。

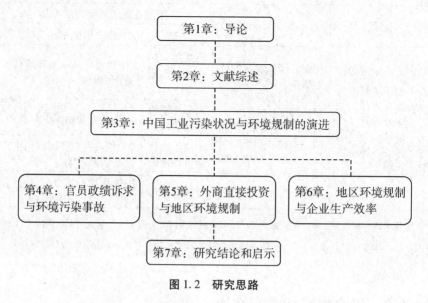

图 1.2　研究思路

1.4　创新和不足之处

1.4.1　创新之处

（1）从研究视角上讲，环境保护问题是当下政策制定者与社会公众普遍关心的热点问题。本书的研究对此不仅具有理论贡献，而且具有重要的现实意义。针对不断出现的环境污染事故，本书对其背后的经济制度因素进行了系统论述总结，并首次证实官员政绩诉求是造成环境污染事故频发的重要原因。进一步，本书以环境规制强度而非实际污染水平为关注点，证明了外商直接投资（FDI）对于提升环境规制强度的积极作用，并对影响机制和渠道做出检验。上述发现丰富了相关领域的研究文献，在经济学的分析框架下系统刻画了影响地区环境规制的一系列因素。这不仅为近年来的官员考核机制改革提供了理论支持，也为政府制定相关政策措施以发挥 FDI 对于环境治理的积极作用，提供了有益的借鉴。

（2）从分析方法上看，本书在理论分析的基础上，注重对各个研究问题的定量分析和实证检验，并根据不同问题的实际需要，运用多种计量方法

（包括两阶段最小二乘法、固定效应泊松回归、系统 GMM 方法）展开相关研究，力求得到更加可靠和令人信服的结论。

（3）从数据使用上看，本书尝试从不同层次的样本数据（包括省级层面数据、城市层面数据、企业调查数据）中寻求证据支持。尤其是在对"波特假说"的实证考察中，与国内已有研究多基于地区、行业层面数据不同，本书为检验"波特假说"在中国是否成立提供了微观层面的经验证据，并通过区分样本企业的行业、区域、所有制以及政治关联的强弱，对地区环境规制强度与企业生产效率之间的关系做出深入分析。

1.4.2 不足之处

（1）环境规制分析不仅涉及环境经济学、公共经济学内容，而且涉及政治学、公共管理学等诸多学科，因此，本书的理论分析部分仍需要进一步深入。

（2）样本数据的可得性限制了相关研究的深入开展，这主要体现在以下三方面：①诸多环境污染事故可能是发生在各个级别政府机构管辖区内，比如市和县层面，因此，需要尝试手工收集市、县层面的环境污染事故数据进一步深化实证分析。②由于城市层面部分年份环境污染治理投资数据的缺失，未能使用环境治污投资比重作为环境规制水平替代变量，进行稳健性检验。③横截面数据难以控制企业不可观测的固定效应，在获取后续调查数据的基础上，使用面板数据模型展开本部分的分析，将是进一步的努力方向。

（3）由于本书涉及不同层面的数据，根据研究问题的现实需要和数据可得性，一些经济因素的衡量指标并不完全一致。例如，对于经济增长相对绩效的衡量，第 4 章是基于三个维度的比较，而第 5 章是基于一个维度的比较；对于环境规制强度的衡量，第 5 章使用的是污染物（SO_2、烟尘）的去除率水平，而第 6 章使用的是环境治污投资占 GDP 的比重。因此，上述衡量指标有待于进一步统一。

2. 文献综述

总结中国改革开放的经验，许（Xu，2011）认为，调动地方政府的积极性、发挥地方政府的激励作用是中国能够在地方上产生好制度的关键。中国改革以来的高速经济增长，在很大程度上是靠地方政府追求 GDP 及其带来的财政收入推动的（蔡昉等，2008）。然而，地方政府激励所带来的负面效应（如市场分割、地方保护、环境污染等）也逐渐显现。图 2.1 描述了文献综述的基本脉络，主要包括四个方面：①地方政府激励对地区经济增长的影响；②地方政府竞争对辖区环境保护的影响；③外商直接投资与地区环境规制之间的相互关系；④环境规制强度对企业生产效率的影响。

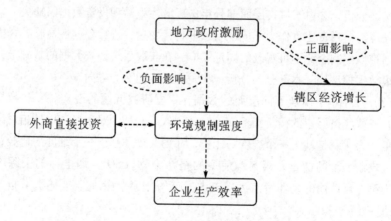

图 2.1　文献综述脉络

2.1　地方政府激励与经济增长

2.1.1　财政激励

作为中国经济转型进程中的重要组成部分，财政分权对中国经济增长的作用受到了诸多学者的关注。以钱和温和斯特（Qian and Weingast，1997）、钱和罗兰（Qian and Roland，1998）、金（Jin）等（2005）为代表，已有文献认为财政分权为促使地方官员努力发展经济提供了充分激励，因为地方官员推动经济增长的同时能够得到地方财税收入的同步增加。为能在竞争中获取流动性资源以及增加财税收入，地方政府将有效放松管制、积极支持民营经济发展、推动国有企业的战略重组（Montinola等，1995）。中国与俄罗斯在经济绩效上表现出的明显差距便是财政分权有效性的很好例证（Zhuravskaya，2000）。

然而，伴随着正面效应不断释放，财政分权所带来的负面效应也日益凸显（沈坤荣和付文林，2006），伴随而来的市场分割、城乡分割、地方保护以及重复建设等问题也引发了学者们的强烈关注（Young，2000；白重恩，2004；王永钦等，2007）。显而易见，地方政府竞争所带来的激励扭曲不利于中国经济的长远健康发展。

2.1.2　政治激励

在关注财政激励之余，部分学者开始强调政治激励的有效作用。布兰查德和施莱弗（Blanchard and Shleifer，2000）的研究认为，中国与俄罗斯之间在转型进程中表现出的差异源于中国维持了政治集中和对地方官员的奖惩能力，相对于财政激励发挥的作用，对地方官员的奖惩能力才是中国转型进程中有良好表现的关键因素。

自20世纪80年代以来，官员升迁的考核标准由政治表现为主转变成以地区经济绩效为主，这一官员激励方式上的重大改变，形成了基于辖区经济增长绩效的政绩观。"官员晋升锦标赛理论"（周黎安，2007；Li和Zhou，2005）也由此成为另一个被广泛认可的、解释转型期中国高速经济增长的理论。该理论认为，中央政府根据地方经济增长绩效来考核地方官员，那些表现较好的地方官员将得到政治上的晋升，因此，地方官员将尽力促进辖区 GDP 的增长，形成地方政府"为增长而竞争"的模式（徐现祥等，2007；张军，2005）。

基于中国省级面板数据的实证分析也证实，相对经济增长绩效越好的地区，地方官员晋升的可能性越大（Li 和 Zhou，2005；Chen 等，2005；周黎安等，2005）。黄（Huang，2002）基于中国官员治理体制的实证研究表明，中央对地方官员的治理主要由显性机制和隐性机制两方面组成。其中，显性治理机制强调通过可度量的经济绩效指标来实现，这与"晋升锦标赛"所强调的官员激励机制相类似。

然而，政治激励也是有成本的，"为增长而竞争"的模式将导致地方政府片面追求 GDP 增长，降低政府对辖区企业的研发补贴（顾元媛和沈坤荣，2012），忽视本地区劳动者权益保护、环境保护、减小收入差距、提供地方公共品等目标（陆铭等，2008）。而在近年来各地频发的土地违法事件中，官员政治晋升激励也是一个难以回避的重要因素（梁若冰，2009；张莉等，2011）。

在上述两方面文献的基础上，一些学者也对政府激励与经济增长之间的关系提出了自己的见解。例如，陶然等（2009）指出，在政府之间存在着提供廉价土地、便利的基础设施以及放松劳工和环境保护标准的"竞次性"发展模式。张晖（2011）认为，以声誉激励为代表的隐性激励也是促使地方官员致力于发展辖区经济的重要机制之一。段润来（2009）则发现，中央政府对不努力发展经济的领导人的惩罚，是激励省级领导人致力于地方经济发展的最重要动力。此外，在最近的一篇文献中，姚和张（Yao and Zhang，2012）利用中国 1994—2008 年城市层面的数据发现，年龄因素和个人效应是影响官员晋升的重要因素，而官员在职期间城市的经济增长速度对晋升没有显著作用。

2.2 地方政府竞争与地区环境保护

传统的环境联邦主义理论认为，地方政府竞争会引致竞相放松环境监管标准的"竞次现象"，进而导致环境污染的加剧（Esty，1996）。显而易见，环境治理本身存在明显的正外部性，一个地区的环境污染治理往往会带来周边地区环境质量的改善，地方政府之间的竞争将会导致政府不愿意增加财政支出进行污染治理（Anselin，2001）。坎伯兰（Cumberland，1981）、威尔逊（Wilson，1999）和劳舍尔（Rauscher，2005）的理论研究也都认为地方政府为了争夺企业资源、获取竞争优势，会采取放松环境管制进而降低环境标准的策略，这将导致地方政府之间的"底部竞争"（race to bottom）现象。然而，上述推论没有得到波托斯基（Potoski，2001）实证研究的支持，通过考察美国《清洁空气法案》实施前后的大气污染情况，他发现各州之间并不存在明显的"底部竞争"现象。

在国内相关文献研究中，许多文献着眼于地方财政分权对于地区环境污染造成的影响。杨瑞龙等（2007）利用中国1996—2004年的省级面板数据考察了地区财政分权、公众偏好对环境污染的影响，他们认为财政分权会降低地方政府进行环境管制的努力，从而提高地区环境污染水平。李猛（2009）认为，地方政府出于辖区经济增长的需要，会对辖区企业的环境污染行为放松环境管制与约束，地方政府彼此之间的竞争行为将导致环境保护"软约束"的形成，这是造成环境污染事故频发的重要原因。进一步的实证分析证明，地方政府之间存在明显的环境监管策略性行为，与此同时，此种策略性行为也将受到地区经济水平、财政分权以及技术水平等因素的影响。雷纳德和熊（Renard and Xiong，2012）基于政府分权的角度认为，在中国不同省份之间存在着为争夺外来投资的环境策略博弈行为，这种现象在产业结构相同的省份之间更加显著。

在关注工业污染排放物的一系列研究中，李猛（2009）在传统环境库兹涅茨曲线（EKC）的基础上加入描述地方财政能力的变量，分析得出环境污染与地方财政能力之间存在倒"U"形关系，基于联立方程模型的实证结果也证实了这一推论。然而，目前中国绝大多数省份仍然处于倒"U"形曲线的左半段，与统计意义上的拐点的距离仍然较远。张克中等（2011）利用1998—2008年的省级面板数据考察了财政分权对地区碳排放的影响，实证研究表明财政分权会降低地方政府管制碳排放的努力，即财政分权程度越高，人均碳排放量越高。这一影响在不同能源结构、地理位置以及地区环境政策的地区存在明显差异。崔亚飞和刘小川（2010）的实证研究表明，地方政府税收收入与工业 SO_2 排放之间存在显著的正向关系，而地方政府税收与工业废水排放、固体废弃物排放之间存在显著的负向关系，这说明地方政府在税收竞争中对环境污染治理采取了"跷跷板"策略，对 SO_2 排放治理相对宽松，而对废水、固体废弃物采取了较好的治理措施。

此外，一些学者将论述重点放在地方政府的竞争行为之上。杨海生等（2008）使用空间计量分析方法，基于1998—2005年中国省级面板数据证实，财政分权和当前政绩考核机制促使地方政府为了吸引更多的流动性要素（如外来投资、劳动力）而采取相互攀比的竞争性的环境保护政策，这成为近年来环境状况逐年恶化的原因之一。周业安等（2004）认为，当地政府为了达到既定目标，一方面会通过与上级讨价还价获取更多政策、资源；另一方面则通过各种手段和其他地方政府竞争，以获得更多的资源流入。

2.3 外商直接投资与地区环境规制的关系研究

"污染避难所"假说（亦称"污染天堂"假说）由沃尔特（Walter）和安格鲁（Ugelow）在1979年首次提出，该理论认为在资源配置全球化的背景下，各国环境规制水平的差异是决定外商直接投资流动的重要因素。污染密集型产业的跨国企业会倾向于将生产活动转移到环境规制水平较低的国家或地区，以降低企业生产成本、实现利润最大化。在此之后，学者们对该假说进行了富有成效的理论分析与实证检验。在讨论地区环境规制与外商直接投资之间的关系之前，笔者首先关注一国环境规制政策对国际贸易产生的影响，并对既有文献进行归纳整理。

2.3.1 环境规制政策对国际贸易的影响

在理论研究方面，朗和西伯特（Long and Siebert，1991）通过构建包含两个国家、两种生产要素和一个生产部门的一般均衡模型，证明不同的环境规制水平会带给企业不同的资本回报率，进而导致企业将资本更多地配置在资本回报率较高的国家，这种资本转移行为会在两国资本收益率达到均等状态时停止。路德和伍顿（Lude and Wooton，1994）在一个两国非合作博弈模型的框架下，考察了环境政策与贸易政策的关系，他们发现在纳什均衡中，两国为获取贸易中的垄断力量都会征收关税，最终结果是"矫枉过正"。

从实证研究上看，已有文献大多从如下几方面考察环境规制政策对一国国际贸易所产生的影响：

（1）将关注重点放在环境规制强度对一国贸易总量产生的影响。例如，范·比尔斯和范登伯格（van Beers and van den Bergh，1997）基于1992年21个经济合作与发展组织（OECD）成员国的横截面数据，实证发现：一国实行相对严格的环境规制政策会带来出口下降和进口上升。许（Xu，2000）基于1990年20个国家的横截面数据发现：环境规制水平的提升会导致总出口、环境敏感商品的出口量减少；与此同时，为了补偿更加严格的环境规制产生的效应，会有新的贸易壁垒出现。

（2）关注某一行业的环境规制强度对于特定行业贸易总量所产生的影响。比较典型的研究是，范·比尔斯和范登伯格（2000）使用 1975 年 14 个 OECD 成员国以及 9 个发展中国家的横截面数据，实证检验了环境规制对采矿、有色金属、造纸、钢铁等高污染行业的贸易所产生的影响。安特维勒（Antweiler）等（2001）基于 44 个国家的研究表明，宽松的环境规制虽然会导致污染密集型行业的跨国转移，但国际贸易的整体环境效应难以评述。

（3）考察环境规制政策变化对于特定商品的进出口量产生的影响。例如，奥茨昆（Otsuki）等（2001）使用 1989—1998 年 9 个非洲国家面向 15 个欧盟成员国出口的面板数据，详细考察了欧盟在实施统一黄曲霉素限量标准之后，其对非洲国家谷物、蔬菜、水果和坚果出口的影响；在国内学者的诸多实证研究中，田东文和叶科艺（2007）基于 1995—2004 年 7 个亚洲国家（包括中国）面向其他 11 个工业化国家出口的相关面板数据，检验了工业化国家的黄曲霉素限量标准的提高，对亚洲国家的谷物、水果和蔬菜出口所产生的影响；顾国达等（2007）基于 1980—2005 年时间序列数据，实证考察了日本多次提高茶叶的农药残留限量标准之后，其对中国茶叶出口产生的影响；李昭华和蒋冰冰（2009）基于中国四类玩具 1990—2006 年向欧盟十国的出口值，通过引力模型和面板数据分析，认为欧盟关于传统玩具的一揽子环境规制措施会对中国玩具出口产生明显的壁垒效应。

伴随着越来越多的跨国公司通过外商直接投资的形式将生产活动转移到发展中国家，外商直接投资与东道国环境规制之间的关系得到了越来越多文献的关注。一方面，环境规制的强度在多大程度上影响外商直接投资的区位选择？宽松的环境规制水平是否会带来污染密集型行业的跨地区转移，进而损害东道国的环境质量？另一方面，外商直接投资的流入会损害东道国的环境质量或降低东道国的环境规制水平吗？需要指出的是，本书所关注的重点是最后一个问题。然而，外商直接投资与地区环境规制是存在相互影响的，关注地区环境规制强度对 FDI 流入所产生的影响，对于展开本书的后续研究尤为必要。

2.3.2 环境规制强度对 FDI 流入的影响

在以国外数据为研究样本的文献中，李斯特和高（List and Co，2000）利用 1986—1993 年美国各州的数据考察了环境规制对外商投资企业选址的影响，他们使用四种方法测量规制水平。结果证明，严格的环境规制的确能够减少外商投资企业的流入，且这一影响效果要远远大于已有文献的估计。凯勒和莱文林（Keller and Levinson，2002）基于 1977—1994 年美国各州数据，实证检验了环境保护标准变化所引起的成本变动对外商直接投资的影响。他们的研究在既有文献的基础上做了三点改进：①使用美国各州数据比使用不同国家的数据更具有可比性；②考虑了各州行业结构的不同；③使用跨度为 18 年的面板数据能够较好地控制各州不可观测因素的影响。实证检验结果表明，环境规制强度的增加对外商投资的遏制作用十分微弱。

迪杰斯特拉（Dijkstra）等（2011）构建了一个包括外国企业与本国企业的古诺双头垄断市场模型。他们的理论分析表明，外国企业可能会倾向于投资环境规制更加严格的地区，这是因为更严格的环境规制带给竞争者的成本比带给外国企业本身的成本更高。曼德森和科内乐（Manderson and Kneller，2012）基于英国微观企业层面的数据，研究发现环境规制并不是决定企业国际化的关键因素，没有明显的证据表明，污染型跨国企业会比清洁型跨国企业更倾向于配置在环境规制更弱的国家，与此同时，环境保护成本不同的企业确实在对外投资方面存在着明显差异。

伴随着中国日渐成为吸引外商投资最多的国家之一，越来越多的学者开始关注中国环境规制政策对于外商直接投资流入的影响。部分文献发现环境规制强度与 FDI 流入之间存在显著的负向关系，这加剧了学者们对中国将成为"污染避难所"的担心。比较典型的文献有，何（He，2006）基于中国 29 个省工业 SO_2 的排放数据，使用联立方程模型，实证考察了 FDI 对我国环境污染影响和地区环境规制水平对于新 FDI 进入的影响。总体来看，FDI 对环境污染的影响十分微弱，FDI 的存量每增加 1% 会造成工业 SO_2 排放增加 0.099%；而环境规制水平的提高对 FDI 的流入具有明显的抑制作用，表明"污染避难所假说"在中国成立。陈刚（2009）利用 1994—2006 年的省级面板数据，考察了地方分权制度下，地区环境规制对外商直接投资流入所产生的影响。研究表明，中国环境规制强度的提升对于外商直接投资流入产生了明显的抑制效应，地方政府为了吸引更多的 FDI 流入会主动放松环境规制水平，这将使中国成为跨国企业的"污染避难所"。从企业选址策略的角度看，王芳芳和郝前进（2011）基于 284 个地级市的规模以上工业企业数据发现，环境规制强度对于内资企业没有显著影响，但对于外资企业进入具有显著的负向影响。陆（Lu）等（2012）将中国"双控区"的建立作为一项自然实验，考察了环境规制水平对 FDI 流入的影响。结果表明，被列入双控区的城市其外商投资数量会出现显著下降，这也印证了环境规制水平的提升对 FDI 流入的抑制作用。

然而，一些研究并不支持上述结论。熊鹰和徐翔（2007）利用中国

1992—2004 年的省级面板数据，分析了环境规制强度的降低是否会带来外商直接投资的更多流入。实证结果表明，宽松的环境规制能够吸引更多的外商直接投资，但这种影响在统计上并不显著。这说明，环境规制强度的降低并不是吸引 FDI 的重要原因，"污染避难所"假说在中国不成立。黄顺武（2007）利用多元线性回归模型和格兰杰因果检验模型，考察了环境规制与其他因素对 FDI 的影响。结论表明，环境规制对 FDI 有负向影响但并不显著，即环境规制强度的提升并不会造成外商直接投资的减少，因此，中国在利用引进外资时有理由提升环境规制强度，这不会带来外商投资流入量的明显减少。迪恩（Dean）等（2009）以 1993—1996 年外资制造企业为研究样本的实证研究发现，宽松的环境规制仅对来源于我国港澳台地区的外资具有吸引力，但是对来自经济合作与发展组织（OECD）国家的外商投资并无影响。曾贤刚（2010）基于 1998—2008 年的省级面板数据的研究证明，严格的环境规制对于外商直接投资流入的负面影响并不显著。朱平芳等（2011）基于 2003—2008 年的中国城市面板数据的实证分析表明，虽然存在着地方政府为吸引外商直接投资而采取环境政策博弈，但是整体上看，环境规制对外商直接投资的影响并不明显。

一些学者也认为，即使环境规制水平会显著影响外商直接投资流入，但是与其他因素相比，环境规制在吸引外资过程中所起的作用并不重要。杨涛（2003）基于中国 1998—2001 年 30 个省份的面板数据，考察了工业污染治理项目完成投资对 FDI 流入量的影响。结果显示，环境规制与 FDI 流入之间存在明显的负向关系。然而，环境规制并不是影响外商直接投资流入的主要因素，经济发展水平和经济增长速度才是影响外商直接投资流入的决定性因素。朗格沃尔和林德拉赫尔（Ljungwall and Linde-Rahr，2005）的研究也进一步证实，虽然在经济发展缓慢的地区存在着降低环境标准来吸引外商直接投资的行为，但从全国水平上看，严格的环境规制并未对外商直接投资的流入产生显著影响；相比之下，交通设施、经济增长和地理位置才是决定外商直接投资流入的重要因素。吴玉鸣（2006）使用省级层面的工业企业治污支出和 FDI 数据，分析了环境规制对于外商直接投资的影响，即环境规制强度每提高 1%，外商直接投资将减少 0.2% 以上。但是，相对于经济发展和国民经济市场化等因素，环境规制对 FDI 流入的影响很微弱。

2.3.3　FDI 流入对地区环境质量和环境规制水平的影响

格罗斯曼和克鲁格（Grossman and Krueger，1991）在考察北美自由贸易协定（NAFTA）对环境质量的影响时认为，贸易会通过规模效应、结构效应和技术效应三个机制对环境产生影响。其中，规模效应是指经济活动性质不变的情况下，经济规模的增加会带来更多的污染；结构效应是指在自由贸易条件下，一国为发展经济会充分利用丰富的资源优势，如果这种资源优势是丰富的环境资源，那么自由贸易的结构效应会引起环境质量的恶化；技术效应是指对外贸易会为东道国带来更加清洁的生产技术进而降低污染物排放，同时，对外贸易会提高东道国的收入水平，使得民众对清洁环境的需求增加。上述三种影响渠道的提出为后续文献的理论研究和实证分析奠定了基础（Copeland 和 Taylor，1994、1995、2004）①。

在理论分析层面，已有文献在考察外商直接投资对当地环境质量的影响时，往往将其他因素同时纳入研究框架。例如，吴（Wu，2004）发现私人信息会形成跨国公司的租金，而政府攫取信息租金的行为将会弱化"污染避难所假说"的效应。科尔（Cole）等（2006）则将国家腐败程度视为一种重要因素，他们基于所构建的政治经济学模型，发现当一个国家的腐败程度较低时，国家的环境税率会随着东道国外资企业数目的增加而增加。卡亚利卡和拉希莉（Kayalica and Lahiri，2005）认为，外商投资的自由流动和公司预留利润是重要的前提条件，当东道国不允许外商直接投资的自由流入时，东道国的排放标准会变得更加严格；然而，当公司的预留利润非常高时，放松管制会增加东道国的排放标准。德·桑蒂斯和斯塔勒（De Santis and Stahler，2009）基于最优排放税的市场份额模型分析发现，外商直接投资的自由流动会导致东道国征收更高的环境税率，并指出这种环境税率实质上是一种庇古税。

王军（2008）在一般均衡"南北国家贸易模型"中加入外商直接投资和外部性效应等因素，证明 FDI 不一定会造成环境的恶化，而且在某些特定条件下外商直接投资还会降低东道国的环境污染水平。安特维勒（Antweiler）等（2001）将赫克歇尔—俄林—萨缪尔森（HOS）模型和简单污染避难所模型同时纳入研究框架，使得收入水平和要素禀赋能共同决定贸易模式。他们将对外贸易对环境污染的影响分解为规模效应、结构效应和技术效应三个方面，进而得到结论："给定其他因素不变，自由贸易对环境污染的影响取决于国家的类型以及这个国家的比较优势。"董（Dong）等（2012）基于"南北市场博弈模型"的理论分析表明，当两个国家的市场较小时，FDI 能够提升接受国的污染

---

① 诸多文献考察了国际贸易对地区环境质量所产生的影响，陆旸（2012）对此做了详尽综述。

排放标准，当两个国家的市场较大时，FDI 对接受国的排放标准没有显著影响。

在实证分析层面，大量文献基于不同的研究样本、计量方法和研究视角，考察了外商直接投资流入对东道国环境规制水平带来的影响。

在利用跨国数据的实证研究中，科尔等（2006）则利用 33 个国家的面板数据，基于政治经济学的视角，从理论模型和实证检验两方面考察了外商直接投资与环境规制的关系。结果发现，外商直接投资对环境政策产生的影响与地区政府的腐败程度有关，政府的腐败程度越高（低），外商直接投资越能带来更宽松（严格）的环境政策，进而加剧（缓解）"污染天堂"的形成。进一步地，如果"污染避难所"假说成立，那么对外贸易开放且环境规制宽松的国家，其污染密集型行业必将得到快速发展。然而，玛尼和惠勒（Mani and Wheeler，1998）使用 1960—1995 年跨国数据的实证研究并没有支持这一结论。这是因为，对外贸易开放带来的经济增长会给污染厂商带来压力，促使他们增加清洁生产投资、提高生产工艺水平。

伯索尔和威勒（Birdsall and Wheeler，1993）也对"污染避难所"假说提出质疑，证据表明拉美国家贸易自由度的增加与外商投资比重的增加，并没有带来污染密集型行业的极大增加。案例分析与实证检验都表明，封闭经济体更倾向于发展污染密集型产业，对外开放能够通过引进发达国家较高的环境保护标准来促进清洁行业的发展。勒朱玛南和儿玉（Letchumanan and Kodama，2000）也发现发展中国家 FDI 的流入并没有带来行业污染排放密度的增加。事实上，发展中国家接受的多是来自清洁行业的投资，FDI 通过转移环境友好型产品和生产工艺提升了发展中国家的环境福利水平。马尔辛斯卡和魏（Smarzynska and Wei，2001）更是观点鲜明地指出，污染避难所假说和外商直接投资的关系要么体现着一种广泛的误解，要么蕴含着"污染的秘密"。他们以 24 个转型经济体为例，将腐败纳入到厂商层面中进行分析，得出了部分支持污染避难所成立的证据，不过这种关系相对较弱。

外商直接投资对接收地环境质量的影响也是中国学者颇为关注的重要课题。有的学者担心，一些外商企业或者将国外危险废物进口到中国，或者将国外淘汰的、严重污染环境的产品、技术和设备通过投资方式转移到中国，从而严重影响中国环境质量（夏友富，1999）。一些实证研究也证实了上述担忧：例如，许士春和庄莹莹（2009）利用江苏省的时间序列数据考察了 FDI 流入能在一定程度上改善环境质量，FDI 增加是环境质量改善的格兰杰（Granger）原因；同时，出口在一定程度上恶化了环境质量，出口增加是环境污染增加的

Granger 原因。温怀德和刘渝琳（2008）发现 FDI 与出口贸易在促进中国经济增长的同时也会加剧中国环境污染，进口贸易能够遏制环境污染但作用有限。

刘渝琳和温怀德（2007）考察了中国 FDI、人力资本与环境污染三者之间的关系。FDI 在带来经济增长的同时也带来了环境污染，而较高的人力资本有利于减轻 FDI 对环境污染的压力。这说明提高人力资本水平是协调 FDI 流入与环境污染之间的矛盾的关键。兰（Lan）等（2012）的研究也印证了地区人力资本的重要作用，他们发现 FDI 对环境污染的影响依赖于地区人力资本状况：在人力资本存量较高的地区 FDI 增加能降低环境污染，而在人力资本存量较低的地区 FDI 增加将提高环境污染水平。应瑞瑶和周力（2006）基于"污染避难所"理论，实证分析了外商直接投资与环境污染之间的相互关系。检验结果显示，外商直接投资是工业污染的格兰杰原因，同时，各地区外商直接投资的相对水平与工业污染程度正相关；从时间序列上分析，FDI 与我国工业污染呈现出"U"形关系。同时，包群等（2010b）的理论分析表明，外商投资与当地环境质量之间存在倒"U"形关系，外商投资的环境效应取决于规模效应与收入效应的综合作用。

与上述研究不同，一些学者对外商直接投资产生的环境效应持乐观态度。他们认为，对外贸易与 FDI 是较高的规制标准与环境保护技术转移到中国的"纽带"（Zeng 和 Eastin，2007）。迪安（Dean，2000）基于 1987—1995 年中国省级层面的水污染数据，利用联立方程模型考察了贸易自由化对于环境质量的影响，自由贸易的直接效应虽然会损害环境质量但会通过影响收入增长来改善环境质量。实证结果表明，自由贸易的净效应会改善中国的环境质量。艾斯克兰德和哈里森（Eskeland and Harrison，2003）认为，来自于污染密集型产业的 FDI 企业会倾向于采用环境友好型的生产和治污技术。相对于内资企业，它们更加重视对环境的保护，这将为发展中国家环境保护技术的发展带来动力与机遇。杨万平和袁晓玲（2008）在使用熵值法构造环境污染指数的基础上，利用向量自回归（VAR）模型考察了 FDI、对外贸易对环境污染的长期动态影响，FDI 和进口贸易有利于改善我国的环境质量，而出口贸易却恶化了中国环境质量。此外，李斌等（2011）基于 1999—2009 年的省级面板数据发现，FDI 的引入有利于治污技术创新，但环境规制通过影响 FDI 的引进影响治污技术创新的效应为负。

张连众等（2003）使用一般均衡理论模型对贸易自由化对我国环境污染的三大效应进行了定量分析。结果发现，规模效应对环境污染的影响为正，而结构效应和技术效应对环境污染的影响为负，贸易自由化总体上有利于改善我国环境质量。张彦博和郭亚军（2009）指出，FDI 在中国的环境效应分为技术溢出效应、结构效应、管制效应和规模效应。FDI 存量的增加将带来的经济规模扩大，并同时引起经济结构的重污染化进而加剧污染物排放，其引发的清洁生产技术转移会带来正面的环境效应，而各地区之间环境规制程度不同会促使工业污染在区际之间转移。与此同时，上述研究思路也在扬（Yang）等（2013）的研究中得到延续和拓展。

FDI 对于地区环境质量的积极作用也得到了行业数据的实证支持。张少华和陈浪南（2009）利用中国 1997—2005 年的行业面板数据，在构建行业全球化指数的基础上证明经济全球化与环境污染强度之间存在显著的负向关系，这说明积极融入经济全球化有利于改善我国的环境质量。包群等（2010a）基于行业面板数据的实证研究表明，FDI 流入与环境污染密度显著负相关；同时，外资投资与环境污染之间的关系依赖于行业引资程度，当行业引资程度越低时，外资投资与环境污染密度呈现正向关系。

在基于城市层面数据的实证分析中，梁（Liang）等（2008）利用中国城市层面的数据发现外商直接投资的流入会降低地区环境污染水平，这是因为 FDI 能够挤出低效率的企业、改变地区产业结构、带来更好的技术以提高生产与能源消耗效率。黄菁（2010）利用我国城市层面 2003—2006 年的数据，通过联立方程二阶段最小二乘法、三阶段最小二乘法考察了人均产出、环境污染与 FDI 三者之间的相互关系。实证结果表明，FDI 通过影响经济增长和环境污染治理有利于改善我国的工业污染治理状况。科尔等（2011）通过对中国 112 个主要城市 2001—2004 年的数据进行实证分析得出。在当前的收入水平下，经济增长会带来绝大部分空气污染物和水污染物的增加，而地区外商企业比重的增加会显著增加部分污染物的排放量，而我国港澳台企业比重的增加对污染排放量的影响倾向于不显著或者减少。

在基于企业微观数据的研究中，克里斯曼和泰勒（Christmann and Taylor，2001）利用深圳、上海两地 1999 年的企业调查数据证明，跨国企业、出口产品到发达国家的企业会自愿采取更高的环境保护标准，其环境保护方面的"自我约束"更强。这一发现表明全球化能为环境质量的改善带来积极影响。王和金（Wang and Jin，2007）利用天津、丹阳、六盘水三地约 1000 家企业的调查数据，考察不同所有制的环境保护表现，外商投资企业和集体所有制企业表现较好。这是因为它们使用了更先进的生产技术且能源使用效率更高。

在最近的两篇文献中，盛斌和吕越（2012）在科普兰—泰勒（Copeland-taylor）模型的基础上引入技术因素，将外商直接投资对东道国的环境影响分解为规模效应、结构效应和技术效应三种机制，并利用我国2001—2009年36个工业行业的面板数据，发现FDI无论是在总体上还是分行业上，都有利于减少我国工业的污染排放。其主要原因在于FDI通过技术引进与扩散带来的正向技术效应，超过了负向的规模效应和结构效应。许和连和邓玉萍（2012）通过对2000—2009年的省级面板数据的空间计量分析表明，FDI与环境污染存在明显的空间自相关性：FDI高值聚集区一般是我国环境污染的低值聚集区，FDI低值聚集区却是我国环境污染的高值聚集区。进一步地，空间误差模型与空间滞后模型的实证分析表明FDI在地理上的集群有利于改善我国的环境污染。其中，来自全球离岸金融中心的外资显著降低了我国的环境污染，东亚、欧美等发达国家的外资对环境污染的改善不明显。

通过对既有文献的梳理，笔者发现已有文献在如下三个方面亟待改进：

（1）已有文献多是关注FDI流入对地区环境污染水平的影响，对环境规制的关注不多。降低地区环境污染水平是治污工作的最终目标，而提升环境规制水平是治理污染的必要手段和途径，它反映了地方政府对于环境保护工作的决心和努力程度。同时，地区环境污染水平更容易受到各种非经济因素的影响，地区污染状况的改善也需要长期过程；相比之下，地区环境规制水平取决于地方政府、辖区企业和居民对于环境保护工作的重视程度，从经济学角度考察治理污染的手段和渠道更为必要。

（2）既有的实证分析多是基于省级面板数据展开，基于城市层面的详尽研究并不多。中国各区域之间经济发展水平、产业结构都存在显著差异，这种差距不仅存在于各省份之间也存在于各省份内部。因此，基于城市层面数据的实证检验，能够更准确地考察FDI、官员政绩诉求以及地区环境规制三者之间的互动关系。

（3）虽然已有文献关注了FDI对于地区环境的影响，但对于影响渠道和机理的分析刻画较少。寻找FDI影响环境的渠道和机制，将为制定相应环境保护政策以发挥FDI对于环境治理的积极作用，提供有益参考和借鉴。

2.4　地区环境规制对企业生产效率的影响

2.4.1　国外相关文献

"波特假说"将动态创新机制引入分析框架，指出严格的环境规制将促使企业进行技术、组织创新，通过"创新补偿"和"先动优势"效应提高企业生产效率和市场竞争力，最终实现地区环境保护与企业生产效率提升的"双赢"（Porter 和 van der Linde，1995）。

2.4.1.1 反对"波特假说"的实证研究

戈洛普和罗伯特（Gollop and Robert，1983）利用美国电力企业数据考察了 SO_2 排放限制政策对生产率的影响。结果发现，这一环境规制政策导致电力企业使用成本更高的低硫煤，进而使企业生产率年均降低 0.59 个百分点。格雷（Gray，1987）利用 1958—1978 年美国制造业的数据考察了政府环境规制（EPA）和工人健康安全规制（OSHA）对生产效率的影响，两项规制导致行业生产率每年降低约 0.44 个百分点，这能够解释美国 20 世纪 70 年代制造业生产效率下降幅度的 30%。巴贝拉和麦康奈尔（Barbera and McConnell，1990）将环境规制对行业全要素生产率的影响分为直接影响和间接影响，对 1960—1980 年美国化工、钢铁、造纸等行业的实证检验表明，直接效应导致行业生产率平均下降约 0.08%~0.24%，间接效应则在不同行业存在差异。对于 20 世纪 70 年代上述行业生产率的下降，环境规制引发的生产率下降能够解释 10%~30%。

乔根森和威尔克森（Jorgenson and Wilcoxen，1990）考察了环境规制政策对美国 1973—1985 年 GNP 增长率的影响。测量结果表明，污染控制设备投资对 GNP 增长率的影响最大，污染监控设施投资的影响次之。总体来看，四种形式的环境规制政策导致美国 GNP 增长率降低约 0.191 个百分点。格雷和沙德伯格（Gray and Shadbegian，1995）使用美国造纸、钢铁、石油三大行业 1979—1990 年的数据发现，衡量环境规制严格程度的污染治理成本与企业全要素生产率之间存在着负向关系，环境规制并未带来足以弥补遵循成本的收益。格雷和沙德伯格（1998）利用个体造纸厂的调查数据考察了环境规制对企业投资决策的影响。那些在环境规制更加严格的州成立的新造纸厂会选择更加清洁的生产技术，产生更多水污染、空气污染的造纸厂会建在水污染规制、空气污染规制更宽松的州。污染防治投资和生产性投资倾向于在同一年发生，且污染防止投资与生产性投资之间存在明显的"挤出效应"。

2.4.1.2 支持"波特假说"的实证研究

对于"波特假说"，杰菲和帕尔默（Jaffe and Palmer，1997）利用美国行业数据发现，在控制了行业固定效应之后，上一期的行业环境保护遵循支出与研发支出之间存在显著的正向影响，然而环境保护遵循支出与成功的专利产出之间不存在明显的关系。拉诺伊（Lanoie）等（2011）利用 7 个 OECD 国家约 4200 家企业的数据，进一步对三种形式的"波特假说"进行了验证，实证结果强力支持"弱波特假说"、部分支持"狭义波特假说"、不支持"强波特假说"①。

伯尔曼和布伊（Berman and Bui，2001）利用 1979—1992 年美国洛杉矶石油炼油厂的数据考察了空气质量规制对企业生产率的影响。结果表明，相对于没有受到空气质量规制影响的炼油厂，受到政策影响的炼油厂其全要素生产率（TFP）有了显著提升。穆蒂和库玛尔（Murty and Kumar，2003）考察环境规制对印度水污染行业生产效率的影响，他们发现企业的技术效率与企业对环境规制和水源保护的遵循程度存在显著的正向关系，这进一步支持了"波特假说"。滨本（Hamamoto，2006）基于日本制造业的数据发现，环境规制能够激发企业开展更多的研发活动，而研发活动对全要素生产率具有积极的推动作用，这一发现为"波特假说"提供了佐证，即更加严格的环境规制会鼓励企业技术创新进而带来环境收益与企业生产率提高的"双赢"。

行勒和拉尔森（Telle and Larsson，2007）利用挪威 1993—2002 年污染密集型行业的企业层面数据考察了环境规制对于企业生产率增长的影响。在计算企业曼奎斯特（Malmquist）生产率指数时，当不把污染排放视为生产投入时，环境规制对企业生产率的影响并不显著；当将污染排放视为生产投入时，环境规制对生产率的影响是显著为正的。阿尔裴（Alpay）等（2002）考察对比了 1971—1994 年环境规制对美国与墨西哥两国食品加工业生产率的影响。结果表明，面对不断加强的环境规制，墨西哥食品加工业生产率在不断增长，具体为环境规制强度每增加 1 个百分点，行业生产率便增长 0.28 个百分点；相比之下，环境规制并没有对美国食品加工业的生产率和利润率产生影响。

与此同时，环境规制对生产率的影响在不同行业之间也存在差异。李（Lee，2008）利用韩国的行业数据发现，环境规制对生产率增长的贡献在不同行业之间存在差异。市场力量越强的行业受到环境规制的影响越小，环境规制对生产率增长的贡献越小。这是因为，市场力量越强的行业往往具有越强的政治力量，进而受到的监管约束和强制力量也越弱。拉诺伊等（2008）基于加拿大魁北克地区制造业部门的数据实证检验了环境规制对全要素生产率的影响，同期环境规制对生产率的影响为负；而滞后的环境规制对生产率的影响为正，这一效果对那些面临激烈国际竞争的行业而言更显著。

除去企业生产效率之外，一些文献也从企业选址、投资支出与市场价值的

① 其中，"弱波特假说"是指环境规制会激发企业环境保护方面的创新；"狭义波特假说"是指富于弹性的环境规制政策将激发企业更多进行创新而非遵守既有规制；"强波特假说"是指设计恰当的环境规制引致的企业创新将会节约成本而不仅仅是补偿环境遵循成本。

角度证实了"波特假说"的成立。道威尔（Dowell, 2000）以标准普尔500指数（S&P 500）中的跨国公司为研究样本，考察采用全球统一环境保护标准对公司价值的影响。相对于采用东道国宽松环境保护标准的跨国公司，采用单一严格的全球环境保护标准的跨国公司能够获得更高的市场价值。这说明，发展中国家采用宽松环境保护标准吸引外商直接投资的做法将吸引到低质量、缺乏竞争力的公司。莱特（Leiter）等（2011）基于1998—2007年欧洲国家的行业数据考察了环境规制对四种形式行业投资（有形资产投资、新建资产投资、机器设备投资、生产性投资）的影响。无论是使用行业环境保护支出还是行业环境税收入衡量环境规制，环境规制对行业投资的影响显著为正，但这种正向影响随着环境规制的增强逐渐递减。

2.4.1.3 环境规制对企业生产效率的影响不显著

杰菲等（1995）考察了环境规制对美国制造业竞争力的影响，没有明显的证据表明环境规制对制造业竞争力产生了显著影响。尽管环境规制的长期社会成本是显著的，包括对生产率的负面影响，但环境规制对净出口、总体贸易额、企业选址的影响是微弱且不显著的。康莱德和瓦斯特（Conrad and Wastl, 1995）在衡量行业全要素生产率时将环境规制视为一种额外投入，他们利用1975—1991年德国10个污染密集型行业的数据发现，污染治理成本造成了化纤行业的全要素生产率降低约2.5个百分点，但是在一些行业这种影响十分微弱。博伊德和麦克勒兰（Boyd and McClelland, 1999）利用1988—1992年造纸行业的数据从正反两方面证实了"波特假说"的成立，既存在增加产出与降低污染同时发生的可能，也存在环境约束导致潜在产出损失的证据。

多玛雷克和韦伯（Domazlicky and Weber, 2004）利用美国化工行业1988—1993年的数据考察了环境规制对于全要素生产率的影响，他们利用方向距离函数（directional distance function）将全要素生产率的增长分解为技术效率改变和技术进步改变，忽视污染产出会高估技术非效率水平，同时，没有证据表明采取环境保护措施会降低行业生产率。布兰伦特（Brannlund, 2008）利用瑞典1913—1999年较长时间跨度的制造业部门数据，发现环境规制与生产率增长之间没有明显关系。对此，一种解释是环境规制与生产率本身就没有关系，另一种解释便是书中所使用的测度环境规制的变量并没有反映出真实的环境规制水平。艾肯（Aiken）等（2009）利用德国、日本、新西兰和美国1987—2001年制造业部门的数据考察了污染治理投资对生产率增长的影响。结论显示，污染治理投资并没有引起制造业生产率的降低。

不难发现，以上国外文献多是从实证研究的角度对"波特假说"做出考察，而得出的结论也并不一致。与此同时，一些学者尝试为"波特假说"提出的推论提供理论支撑。比较有代表性的研究有：齐纳帕迪斯和泽乌（Xepapadeas and Zeeuw，1999）利用经典资本模型考察了排污税对资本组成的影响，虽然排污税会对企业利润带来负面影响，但税收将淘汰陈旧的企业资本从而提高平均生产率。安贝克和巴尔拉（Ambec and Barla，2002）从委托—代理模型出发，指出环境规制将有助于克服企业组织惰性（organizational inertia）。企业经理具有关于研发的投资结果的私人信息，企业经理将会凭借此种信息优势从技术创新活动中获取信息租金，从而降低企业股东在研发活动中的投资激励。环境规制将显著降低信息租金规模，进而提高企业的研发投资水平。在另一篇文献中，安贝克和巴尔拉（2006）指出，企业经理的现期偏好会降低企业当期创新投资，毕竟创新投资仅能够增加企业的未来收益。因此，环境规制将有助于克服企业经理的"自我控制"（self-control）问题，激励企业经理进行创新投资。莫尔（Mohr，2002）进一步认为，新技术的生产效率会伴随着产业经验积累而增加，如果没有企业愿意承担最初的学习成本，新技术可能不会被使用，但环境规制政策的强制实施将促使新技术为产业带来长期的私人收益。

2.4.2　国内相关研究

通过对已有研究的梳理和归纳，笔者发现，国外大多数文献的研究大多关注微观企业的生产活动，而且相关研究在选取微观企业时，多将注意力放在一些污染密集型企业或者行业。与之形成鲜明对比的是，国内缺乏相关微观企业层面数据，导致对中国的实证研究大多基于地区或者行业层面展开，并进一步关注环境规制对生产效率的影响在不同地区（行业）之间是否存在显著差异。

考虑区域差异性的既有文献，多将考察样本分成东、中、西部三个区域来检验环境规制对于生产效率的影响。例如，李胜文等（2010）基于中国1986—2007年的省级面板数据的实证研究发现，环境规制对环境效率的影响在东部地区最为有效，在中西部地区的影响并不显著。王国印和王动（2011）利用1999—2007年的东部和中部省份面板数据对环境规制与企业技术创新之间的关系进行了实证分析，东部地区的环境规制对企业的技术创新存在显著的正向影响，中部地区的环境规制对技术创新存在负向影响。由此可见，"波特假说"在东部地区成立但在中部地区并不成立。沈能和刘凤朝（2012）利用1992—2009年的省级面板数据按东、中、西地区考察了环境规制对于地区技术创新的影响。结果显示，环境规制对技术创新的影响效果在不同地区存在明显不同，其中，环境规制对东部地区的技术创新具有显著的正向影响，这在一定程度上支撑了"波特假说"；而在中西部地区，环境规制对技术创新的影响并不明显。

在几篇基于国际贸易视角的文献中，傅京燕和李丽莎（2010）使用1996—2004年我国24个制造业的面板数据考察了环境规制效应与要素禀赋效应对我国产业国际竞争力的影响。结果显示，我国污染密集型行业并不具有绝对比较优势，而环境规制、物质资本和人力资本指标均对产业比较优势产生了负面影响，且环境规制对比较优势的影响呈现"U"形关系。陆菁（2007）的理论和实证研究进一步表明，面对欧美国家高于中国的环境标准，中国政府一方面为本国企业技术改进与创新提供战略补贴，另一方面逐步提升国内产品标准，进而促使本国企业提升产品质量，最终推动传统产业实现升级。

章秀琴和张敏新（2012）分别使用我国人均GDP和政府环境规制作为内生和外生环境规制，在贸易引力模型分析框架的基础上，发现除了少数行业外，内生环境规制和外生环境规制对我国污染密集型产品出口竞争力的影响均呈倒"U"形关系。然而，我国目前的状况处于外生环境规制拐点的左边，处于内生环境规制拐点的右边，即随着政府环境监管的强化，产品出口竞争力会呈增强趋势，而随着人均GDP的增加，产品出口竞争反而呈现下降趋势。李小平等（2012）运用中国30个工业行业1998—2008年的数据考察了环境规制强度对于工业行业贸易比较优势的影响。研究发现，环境规制强度能够显著提升产业的贸易比较优势，但当环境规制强度超过某个"度"后，其对贸易比较优势的影响会有降低趋势。郭艳等（2013）认为，提高环境规制强度是促进进口贸易发挥技术创新效应的有效途径。他们的实证结果表明，随着环境规制的加强，进口贸易对中国技术创新的影响始终为正。童伟伟（2013）基于世界银行2005年的企业调查数据发现，环境规制总体上能显著促进出口，但对于没有研发投入的企业而言，环境规制对企业出口并无显著影响。

进一步，诸多文献在测量生产效率时将污染排放物等非期望产出纳入研究框架。王兵等（2008）基于曼奎斯特—龙伯格（Malmquist-Luenberger）指数方法测度了亚太经贸合作组织（APEC）17个国家和地区的全要素生产率增长及其成分。研究表明，在考虑环境管制之后，APEC的全要素生产率增长水平提高，而技术进步是其增长的源泉。陈诗一（2010）基于中国行业层面的数据，证实了中国一系列的节能减排政策有效地推动了中国工业绿色生产率的不断改善，尤其是从20世纪90年代中期以来，中国的工业绿色生产率增长速度最快且达到顶峰。

李静和沈伟（2012）基于中国省级面板数据，通过全局 Malmquist 生产率指数方法，测度了工业废水排放量、废气排放量以及固体废物产生量三种污染物的环境规制强度指数，并考察了它们对环境技术效率和绿色生产率的影响。相关实证检验结果显示，与中西部地区相比，东部地区具有较高的环境技术效率水平。从全国总体水平上看，工业绿色生产率每年保持了大约2%的增长率，而且地区差距显著。陈德敏和张瑞（2012）使用数据包络分析法（DEA）测算了2000—2010年29个省级单位的包含污染物等非期望产出的全要素能源效率，并考察了环境规制对于全要素能源效率的影响。实证检验表明，环境因素的引入会减弱产业结构因素和FDI对能源效率的影响；环境规制各变量对全要素能源效率影响不同，其中，环境科技投入、环境治理投资与环境信访监督等要素对改善全要素能源效率的影响最为显著。

从计量方法上看，在计算行业生产率之时，DEA方法是一种较受欢迎的方法。比较典型的文献有，解垩（2008）基于1998—2004年中国31个省区的面板数据，在运用DEA方法测度工业的 Malmquist 生产率指数、技术效率和技术进步的基础上，实证分析了环境规制对工业技术效率、技术进步和生产率增长的影响。主要结论是：增加治污投资和减少工业 SO_2 排放对工业生产率没有明显的影响。这是由于它们对生产率的两个组成部分的影响相抵消所致。一方面，排放减少使技术进步下降，治污投资增加不显著地推进技术进步；另一方面，排放减少使技术效率提高，治污投资增加对技术效率有负向影响。许冬兰和董博（2009）采用DEA方法测算了强处置性和弱处置性下的技术效率，并基于1996—2005年中国省级面板数据实证分析了环境规制对技术效率变化和生产力损失的影响。检验结果表明，环境规制与东、中、西部地区的技术效率显著正相关。同时，环境规制对三个地区生产力损失的影响存在差异：环境规制在东、中、西部地区所产生的生产力损失分别是 3.62%、1.21%、1.47%。

李强和聂锐（2010）基于2001—2007年的中国工业行业面板数据，使用DEA方法测算了各行业的生产率指数、技术效率与技术进步水平。固定效应模型的估计结果显示：单位产值二氧化硫排放量每减少一个单位，生产率指数、技术效率与技术进步分别增加 0.008、0.0043 和 0.0035。环境规制主要通过促进技术创新、改变产业结构等渠道对工业生产率产生影响。张成等（2010）利用DEA方法衡量了中国工业部门1996—2007年的全要素生产率，并进一步考察了环境规制对全要素生产率的影响。在对二者进行协整检验的基础上，本书发现环境规制是全要素生产率的格兰杰成因，这一影响会随着滞后期的增加而更显著；环境规制在长期对全要素生产率的正向促进作用比在短期的作用更加显著。蔡宁等（2014）通过测度中国 30 个省市的环境绩效指数发现，环境规制对绿色工业全要素生产率的增长有正的影响，但对各区域的影响程度随工业绿色发展水平的提高而降低。

从研究对象上看，一些文献将关注重点放在某些特定行业或领域之上。例如，白雪洁和宋莹（2009）以 2004 年中国 30 个省份火电行业数据为样本，考察了环境规制对火电行业效率水平的影响。实证结果表明，环境规制可以提升中国火电行业的整体效率水平，但这一总体上存在的技术创新激励效应并非适用于各个地区。在关注发电行业生产率的另外一篇文献中，张各兴和夏大慰（2011）基于 2003—2009 年的省级面板数据的实证分析表明，短期内环境规制程度越弱，二氧化硫排放量越高，发电行业效率越高；而在长期内，环境规制程度越强，发电行业效率越高。彭可茂等（2012）通过综合指数法衡量分部门分地区的农业环境规制水平，并考察了各地区的农业环境规制水平对主要农业部门投资强度的影响程度。结果表明，环境规制强度水平与各地区饲养业及种植业的单位产品投资率之间存在显著的负向关系。

从研究结论上看，一些文献强调环境规制与行业（地区）生产效率之间不仅仅存在单调关系。在一系列深化研究中，李斌等（2011）利用 1999—2009 年的中国省级面板数据，使用动态面板计量经济学模型考察了环境规制对中国治污技术创新的影响。结果表明，环境规制不仅在时间维度上而且在强度维度上与治污技术创新之间存在着"U"形关系，而 FDI 的引进有利于治污技术创新。王询和张为杰（2011）对东、中、西部三大地区的工业污染与经济增长、环境规制、产业结构之间的关系进行了实证检验。结论表明，东部和中部地区经济发展与工业污染之间存在倒"U"形关系，这符合环境库兹涅茨曲线所揭示的一般规律；而在西部地区，经济发展与污染水平之间呈现出倒"N"型关系。与此同时，东部地区第二产业比重的提升会导致工业污染水平的增加，而中西部地区第二产业比重的变化没有对环境污染状况产生影响。李婧（2013）在利用随机前沿模型测量工业企业技术创新效率的基础上发现，环境规制与企业技术创新效率之间呈现显著的倒"U"形关系。此外，李斌和彭星（2013）也比较了不同环境规制工具的有效性指出，与比命令—控制型规制工具相比，市场激励性规制工具更能促进环境技术进步，并通过直接效应及技术创新效应能够实现更低水平的污染排放。李平和慕绣如（2013）基于系统 GMM 和门槛回归方法发现，环境规制在滞后期促进创新且在滞后二期促进作用最明显，同时，环境规制强度与技术创新之间存在三重门槛效应。

张成等（2011）利用中国1998—2007年30个省份的工业部门数据，考察了环境规制强度对生产技术进步的影响。实证结果显示，在东部和中部地区，环境规制强度与生产技术进步之间存在显著的"U"形关系。具体而言，初始环境规制强度较弱时，环境规制强度的增加会降低生产技术进步率，伴随着环境规制强度的增加，环境规制强度的增加会带来生产技术进步率逐步提高。相比之下，环境规制强度和生产技术进步率之间的"U"形关系在西部地区并不成立，这是因为西部地区环境规制形式不合理引致。沈能（2012）利用2001—2010年中国工业行业面板数据发现，工业环境规制与环境效率之间存在倒"U"形关系，这在一定程度上支持了"波特假说"。进一步地，环境规制对清洁生产型行业当期环境效率促进作用显著，而对污染密集型行业的影响存在滞后效应。

行业影响的异质性也在一些文献中得到证实。聂普焱和黄利（2013）在将工业部门分为高、中、低度能耗产业的基础上发现，当期环境规制阻碍了中度能耗产业的全要素能源生产率的提高，对高度能耗产业的影响不显著，能促进低度能耗产业的技术进步。李勃昕等（2013）基于2004—2010年的工业行业数据发现，环境规制强度与R&D创新效率呈现倒"U"形关系，且环境规制强度对R&D的影响在技术密集度较高、环境污染程度较小和R&D强度较高的行业中更加显著。

难能可贵的是，一些文献利用微观企业数据对"波特假说"进行验证。例如，张三峰和卜茂亮（2011）基于中国12个城市的微观企业调查数据考察了环境规制对企业生产率的影响。结果表明，环境规制强度的提高、环境保护投入的增加能显著提升企业生产率；同时，所在行业、规模和地理位置的不同都会使企业生产率面对环境规制时呈现不同表现。童伟伟和张建民（2012）采用世界银行2005年对中国制造业企业的调查数据发现，环境规制能够显著激励企业的研发投入，但是这种促进效应主要存在于东部地区，而在中西部地区，环境规制对于研发投资的作用并不显著。此外，李树和陈刚（2013）以2000年《中华人民共和国大气污染防治法》修订作为一次自然实验，采用DID方法考察了《中华人民共和国大气污染防治法》修订所带来的环境管制加强对工业行业生产率的影响。他们发现该法的修订明显提高了空气污染密集型行业的全要素生产率，而且这种影响随着时间的推移逐渐增强，这进一步丰富了我们的研究视角。

总体而言，对于"波特假说"的实证检验，国外文献多是基于微观企业层面的数据展开，而国内文献中使用地区数据、行业数据的研究居多。鉴于此，本书将利用世界银行 2005 年在中国 120 个城市的企业调查数据，对"波特假说"在中国是否成立做出微观层面的实证检验。值得注意的是，不同企业在面对同样的环境规制时做出的反应是不一致的，所处行业、区域位置、所有制性质等因素都会对环境规制与企业生产率之间的关系产生影响，因此，本书将进一步分行业、区域和所有制对"波特假说"做出进一步考察。

3. 中国工业污染状况与环境规制的演进

3.1 中国工业污染状况分析

改革开放以来，中国工业化取得了举世瞩目的成就，根据《中国工业化进程报告》的估计，早在 2005 年，中国的工业化水平综合指数就已经达到 50，表明中国当时已处于工业化中期。高速的工业化进程在提升中国经济实力、优化产业结构的同时，也带来了生态系统破坏、环境严重污染等问题。工业污染是中国环境污染的主要组成部分，2010 年，中国工业废水排放量达到 237.5 万吨，占废水排放总量的比重为 38.47%；工业二氧化硫排放量达 1864.4 万吨，占二氧化硫排放总量的 85.32%；工业烟尘排放量为 603.2 万吨，占烟尘排放总量的 72.75%。为此，本书将通过事实数据对我国的工业环境污染现状和治理状况进行描述总结。自 20 世纪 70 年代环境保护工作逐步开展以来，中国的工业治污策略从起初单纯污染治理、排放浓度控制，逐步转变为污染治理与经济结构调整相结合、排放浓度和排放总量"双控"并重，这有效地推动了工业治污工作的开展，取得了显著的治污效果。

3.1.1 水污染状况

工业废水治理一直是我国污染防治工作领域的重点之一。图 3.1 给出了 1981—2010 年单位工业总产值废水排放量和工业废水排放达标率。总体来看，工业废水排放密度呈现逐年下降趋势，从 1981 年的 473.65 吨/万元下降到 2010 年的 18.18 吨/万元；而工业废水排放达标率则呈现出稳步上升趋势，从

1981 年的 26.28% 上升到 2010 年的 95.32%。从单位工业总产值废水排放量上看，1981—1989 年工业废水排放密度呈现出快速下降趋势，这种变化很可能与《中华人民共和国水污染防治法》（1984 年）的颁布实施相关。1990—1994 年这段时间内，工业废水排放密度进一步呈现出快速下降趋势，在随后年份，工业废水排放密度一直呈现稳步下降趋势。从工业废水排放达标率上来看，1981—1997 年全国工业废水排放达标率呈现出稳步提升趋势，到 1998 年达到 60% 以上；1998—2001 年工业废水达标率呈现显著上升趋势，到 2001 年达到 80% 以上；从 2002 年开始，工业废水达标率逐年提升，到 2010 年达到 95.32%。

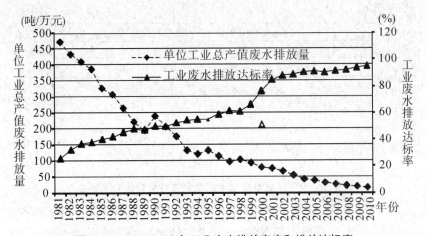

图 3.1　1981—2010 年工业废水排放密度和排放达标率

注：1991 年之前的环境数据来自中国环境统计资料汇编（1981—1990），1991—2010 年的环境数据来各年中国统计年鉴；历年规模以上工业总产值数据来源于中国统计年鉴，并使用 GDP 平减指数调整为以 1978 年为基年的实际值。工业废水排放达标率等于工业废水排放达标量与工业废水排放量的比值。

3.1.2　大气污染状况

从工业二氧化硫排放密度上看（见图 3.2），1991—1998 年单位工业总产值二氧化硫排放量总体下降但有反弹趋势，尤其是 1995 年、1998 年二氧化硫排放密度出现了明显的反弹趋势。从 1999 年开始，工业二氧化硫排放密度持续下降，从 0.070 吨/万元下降到 2010 年的 0.013 吨/万元，这种持续下降趋势可能是由于《中华人民共和国大气污染防治法》于 2000 年进行修订、二氧化硫排放的规制和约束不断增强带来的①。从工业二氧化硫去除率上看，1991—2010 年二氧化硫去除率从 12.93% 上升到 65.96%，尤其是从 2005 年开始，工业二氧化硫去除率迅速提升。二氧化硫的排放是造成酸雨频发的主要因素之一，根据中国环境公报（2011）的统计数据，2011 年，监测的 469 个市（县）中，出现酸雨的有 227 个，占比为 48.5%；酸雨频率在 25% 以上的市（县）有 140 个，占比为 29.9%；酸雨频率在 75% 以上的市（县）有 44 个，占比为 9.4%。因此，进一步降低二氧化硫排放密度、提高二氧化硫去除率，对于降低酸雨的发生频率、改善居民居住环境具有重要意义。

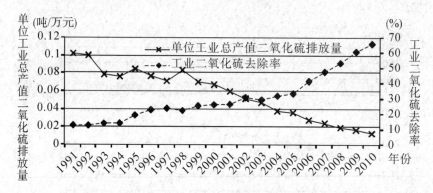

图 3.2　1991—2010 年工业二氧化硫排放密度和去除率

注：中国环境统计资料汇编（1981—1990）没有给出 1981—1990 年工业二氧化硫的排放量和去除量。1991—2010 年的环境数据和规模以上工业总产值数据均来源于中国统计年鉴，且工业总产值数据使用 GDP 平减指数调整为以 1978 年为基年的实际值。工业二氧化硫去除率等于工业二氧化硫去除量除以二氧化硫去除量与排放量之和。

除去二氧化硫外，工业烟尘也是一类重要的大气污染物。图 3.3 给出了 1991—2010 年工业烟尘排放密度和去除率的变化趋势。单位工业总产值烟尘排放量呈现出两段明显的下降趋势，第一段是 1991—1997 年，其中下降趋势在 1991—1994 年尤为明显，从 0.074 吨/万元下降到 0.046 吨/万元；第二段是 1998—2010 年，从 0.062 吨/万元下降到 0.004 吨/万元，下降幅度达到 93.55%。与此同时，工业烟尘去除率呈现出两段明显的上升趋势，第一段是 1991—1997 年，从 88.53% 上升到 93.88%；第二段是 1998—2010 年，从 89.54% 上升到 98.61%，这说明，全国工业烟尘去除率已经达到了较高水平。

① 2000 年修订的《中华人民共和国大气污染防治法》不仅增添了新的内容和新的法律规范，而且原有的法律规范也得到了进一步的充实和完善（李树和陈刚，2013）。

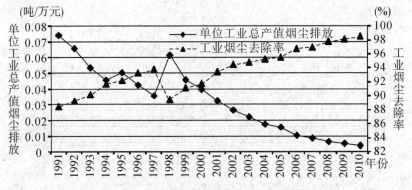

图 3.3　1991—2010 年工业烟尘排放密度和去除率

注：中国环境统计资料汇编（1981—1990）没有给出 1981—1990 年工业烟尘放量和去除量。
1991—2010 年的环境数据和规模以上工业总产值数据来源于历年中国统计年鉴，且工业总产值数据使用 GDP 平减指数调整为以 1978 年为基年的实际值。工业烟尘去除率等于工业烟尘去除量除以工业烟尘去除量与排放量之和。

3.1.3　固体废弃物污染

图 3.4 显示，1981—2010 年工业固体废弃物的产生密集度总体上呈现下降趋势。其中，1981—1989 年工业固体废弃物的排放密度下降趋势明显，从 7.666 吨/万元下降到 4.461 吨/万元；1990—1998 年，固体废弃物的排放密集度继续下降但有反弹趋势；从 1999 年开始，工业固体废弃物的排放密度呈现出逐年下降趋势，从 1999 年的 3.787 吨/万元下降到 2010 年的 1.845 吨/万元，下降幅度为 51.28%。同时，固体废弃物的处理率虽有波动，但总体上呈现上升之势，从 1981 年的 1.18% 上升到 2010 年的 23.77%。其中，在三个时间段内，固体废弃物处理率呈现出先上升再下降的趋势，分别是：1981—1990 年、1990—2000 年、2000—2010 年。需要指出的是，1995 年中国颁布实施了《固体废物污染环境防治法》（后于 2004 年修订），对工业固体废物污染环境的防治做出了明确规定，自 1995 年之后，固体废弃物处理率水平稳步提升且其波动幅度明显降低。这可能是因为《固体废弃物防治法》的实施和修订，对于加强固体废弃物防治工作、提升固体废弃物处理率发挥了积极作用。

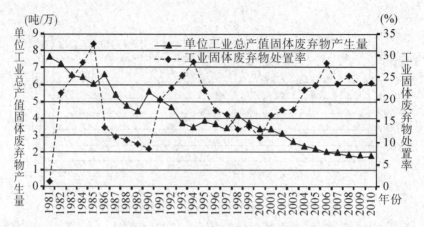

图 3.4 1981—2010 年工业固体废弃物排放密度和处置率

注：1991 年之前的环境数据来自中国环境统计资料汇编（1981—1990），1991—2010 年的环境数据来自各年中国统计年鉴；历年规模以上工业总产值数据来源于中国统计年鉴，并使用 GDP 平减指数调整为以 1978 年为基年的实际值。工业固体废弃物处置率等于工业固体废弃物处置量与产生量的比值。

3.2 环境管理机构的历史变迁

1971 年，国家计委环境保护办公室成立，"环境保护"这一名称在中国政府机构中首次出现；1973 年，第一次全国环境保护会议之后，国务院环境保护领导小组成立，其下设办公室，自此，专门的环境管理机构在中国成立；1982 年，国务院机构改革，撤销国务院环境保护领导小组及其办公室，成立城乡建设环境保护部下属的环境保护局，具备了相对独立的财政权、人事权。

1984 年，国务院环境保护委员会成立，职能定位是作为环境保护局的组织协调机构；同年 12 月，城乡建设环境保护部下设的环境保护局升格为国家环境保护局，同时成为国务院环境保护委员会的办事机构，但依然接受城乡建设环境保护部的领导；1988 年，国家环境保护局从建设部脱离出来，正式成为国务院管理的直属单位，这一加强环境管理机构的举措旨在应对当时愈发严峻的环境污染形势；1993 年，全国人大八届一次会议设立全国人大环境保护委员会，并于 1994 年在全国人大八届二次会议上更名为"全国人大环境与资源保护委员会"，该机构的职责为研究、审议与拟订相关议案，并有五条具体职责。

1998 年，为了满足新形势下环境保护工作的需要，国家环境保护局进一步升格为环境保护总局，成为国务院直属的正部级单位，国务院环境保护委员会同时撤销；与此同时，以地方为主的双重领导管理体制模式进一步确立；2006 年，六个区域环境保护督查中心成立，作为环境保护总局的派出机构，环境保护督查中心的成立增加了环境保护工作的区域协调性，并增强了环境执法能力。2008 年，环境保护总局升格为环境保护部，成为国务院组成部门之一，将更多地参与到国家重大政策的规划制订，环境保护工作的深入开展得到了进一步保障。

3.3　环境保护法律法规体系的建立与不断完善

从 1973 年第一次全国环境保护会议确立环境管理的"32 字方针"，到党的第十八次全国代表大会报告提出"把生态文明建设放在突出地位，融入经济建设、政治建设、文化建设、社会建设各方面和全过程，努力建设美丽中国，实现中华民族永续发展"的目标，中国的环境保护事业经历了从无到有、从开始起步到逐步完善的过程。中国环境保护事业的发展历程说明，经济社会改革发展进程中，新的环境污染问题会不断出现，为实现环境保护与经济发展的"双赢"，相关环境保护法律法规需要不断细化和完善，从而为污染治理工作的开展提供良好的制度保证。现如今，环境保护问题已经成为社会民众普遍关注、政策制定者高度重视、影响社会主义现代化建设进程的全局性问题。

经过几十年的发展完善，中国目前已经形成以《中华人民共和国环境保护法》为主体，以环境保护专门法、与环境保护相关的资源法、环境保护行政法规与规章、环境保护地方性法规为主要内容的、相对完善的环境保护法律法规体系。1973—2011 年，中国政府相继召开了七次全国环境保护会议，这些会议为应对环境保护工作的新变化，着力解决经济发展进程中不断涌现的新环境问题，做出了一系列的决策规划与重要部署。本书将根据七次全国环境保护会议，分三个阶段对中国的环境保护法律法规体系的发展做出总结和概括。

3.3.1　开始起步阶段（1973—1982 年）

1973 年，第一次全国环境保护会议召开，审议通过了《关于保护和改善环境的若干规定》（试行草案），确定了环境保护工作的"32 字方针"①，这是我国最早的全面规定环境保护的法律法规，也是我国后来发布的《中华人民共和国环境保护法》（试行）（1979 年）的雏形。1978 年，环境保护工作正式写入新修订的《中华人民共和国宪法》，自此，环境保护法律体系建设和环境保护工作的开展有了宪法依据的支持。

随后，我国于 1979 年颁布实施第一部环境保护法律《中华人民共和国环境保护法》（试行），明确了环境保护法的基本任务，同时确定了"三废"污染治理环境影响评价、"三同时"、排污收费三项制度。这标志着环境保护工作开始步入法治阶段，环境保护法律体系开始初步建立。

1981 年，国务院发布《关于在国民经济调整时期加强环境保护工作的决定》明确指出，管理好我国的环境，合理地开放和利用自然资源，是现代化建设的一项基本任务。1982 年，《中华人民共和国海洋环境保护法》由全国人大常委会通过；同年，《征收排污费暂行办法》颁布实施，对超标污染物的征收标准做出明确规定。这标志着环境保护工作开始逐步走向细化。

3.3.2 快速发展阶段（1983—1995 年）

1983 年，第二次全国环境保护会议召开，将环境保护确定为基本国策，同时确定了"预防为主、防治结合"、"谁污染、谁治理"与"强化环境管理"三大基本政策。1984 年国务院发布《关于环境保护工作的若干决定》，宣布成立国务院环境保护委员会，并对各级政府环境保护机构的设置做出了相应安排。同年，全国人大常委会通过了《中华人民共和国水污染防治法》（1984 年 5 月 11 日通过），于 1996 年 5 月 15 日、2008 年 2 月 28 日两次修订和《中华人民共和国森林法》。在随后的几年时间内，其他四项自然资源法也相继获得通过②。

1987 年，全国人大常委会通过了《中华人民共和国大气污染防治法》（后于 1995 年、2000 年进行了两次修订），至此，我国已经初步建立了包含环境保护专门法、自然资源环境在内的污染治理法律体系。此外，在 1983—1988 年这段时间内，一系列行政法规和部门规章也相继颁布实施，比较重要的有

① 这 32 字方针是：全面规划、合理布局、综合利用、化害为利、依靠群众、大家动手、保护环境、造福人民。

② 这四项自然资源法分别是《中华人民共和国草原法》、《中华人民共和国渔业法》、《中华人民共和国矿产资源法》、《中华人民共和国土地资源管理法》。

《防止船舶污染海域管理条例》（1983年发布，2009年废止）、《水土保持工作条例》（1982年发布，1991年废止）、《海洋石油勘探开发环境保护管理条例》（1983年发布）、《关于防治煤烟型污染技术政策的规定》（1984年发布）、《对外经济开放地区环境管理暂行规定》（1986年发布，2001年废止）、《国务院关于加强乡镇、街道企业环境管理的规定》（1984年发布，2001年废止）等。

1989年，第三次全国环境保护会议召开，提出了环境管理的新五项制度①，进而推动环境保护工作的进一步深化开展。同年，全国人大常委会对《中华人民共和国环境保护法》进行了修订，并确定了我国的环境保护监督管理体制是统一监管与分级分部门监管相结合的模式。与此同时，一些新的专门环境保护法、自然资源法也相继出台，促进了环境保护法律体系的进一步发展，例如，《中华人民共和国野生动物保护法》（1988年发布，2004年修订）、《中华人民共和国水土保持法》（1991年发布，2010年修订）、《中华人民共和国固体废物污染环境防治法》（1995年发布，2004年修订）。

为应对人口增长和现代工业发展对环境保护工作提出的新挑战，1990年颁布的《国务院关于进一步加强环境保护工作的决定》强调，严格执行环境保护法律法规、采取有效措施防治工业污染，强调落实环境保护目标责任制，将环境保护目标的完成情况作为评定政府工作成绩的依据之一。1992年联合国环境与发展大会之后，中国政府颁布了《中国环境保护行动计划》、《中国21世纪议程》等文件，明确将可持续发展战略作为中国经济和社会发展的基本指导思想。

与此同时，环境保护方面的行政法规和部门规章有了进一步发展，无论是法律体例上，还是内容上都有了进一步完善。其中，一些环境保护法律的细则相继出台，如《中华人民共和国水污染防治法实施细则》（1989年发布）、《中华人民共和国土地管理法实施条例》（1991年发布）、《中华人民共和国水土保持法实施条例》（1993年发布）、《中华人民共和国矿产资源法实施细则》（1994年发布）等。此外，污染物的排污费收取标准也逐步细化，包括：《征收工业燃煤SO_2排污费试点方案》（1992年发布）、《超标环境噪声排污费征收标准》（1991年发布）、《超标污水排污费征收标准》（1991年发布）。值得一提的是，这一阶段其他领域法律法规也对环境保护工作给予了极大关注，如1993年通过的《中华人民共和国农业法》对农业资源和农业环境保护工作做

---

① 这五项制度分别是：全力推行环境保护目标责任制、城市环境综合整治定量考核、排污许可证制度、限期治理、污染集中控制。

出了专门规定；1995 年通过的《中华人民共和国电力法》也明确强调，电力建设、生产、供应和使用应当依法保护环境，减少有害物质排放。

3.3.3 全面深化阶段（1996—2011 年）

1996 年，第四次全国环境保护会议召开，确定了坚持污染防治和生态保护并重的方针，鲜明地提出了"保护环境的实质是保护生产力"的观点，自此，中国环境保护工作进入全面深化的全新阶段。面对环境保护工作不断出现的新问题，环境保护法律法规的制定与执行力度在不断加强。1997 年，八届全国人大常委会通过《中华人民共和国节约能源法》（后于 2007 年修订），与此同时，多项行政法规和部门规章密集出台。主要包括：《酸雨控制区和二氧化硫控制区划分方法》（1997 年发布）、《全国生态环境建设规划》（1998 年发布）、《全国生态环境保护纲要》（2000 年发布）、《清洁生产促进法》（2002 年发布，后于 2012 年修订）、《环境影响评价法》（2002 年发布）、《排污费征收使用管理条例》（2003 年修订）等。

2002 年，第五次全国环境保护会议召开，会议强调环境保护是政府的一项重要职能，按照社会主义市场经济的要求，动员全社会的力量做好这项工作。同年，党的十六大报告进一步将"可持续发展能力不断增强、生态环境得到改善"作为全面建设小康社会的目标之一。

这段时期内，江河流域的污染防治工作受到了高度重视，国务院相继批复了《巢湖流域水污染"十五"计划》（2002 年）、《淮河流域水污染"十五"计划》（2003 年）、《辽河流域水污染"十五"计划》（2003 年）、《海河流域水污染"十五"计划》（2003 年）、《滇池流域水污染"十五"计划》（2003 年），并于 2004 年发布《关于加强淮河流域水污染防治工作的通知》对淮河污染治理工作进行进一步部署。

为了全面落实科学发展观，实现建设社会主义生态文明的战略部署，国务院于 2005 年出台实施了《关于落实科学发展观加强环境保护的决定》，强调用科学发展观统领环境保护工作，切实解决突出的环境问题。随后，第六次全国环境保护会议于 2006 年召开，会议提出了"三个转变"①方针，强调将环境保护工作推向以保护环境优化经济增长的新阶段。在此之后，国务院于

---

① 三个转变分别是：一是从重经济增长轻环境保护转变为保护环境与经济增长并重；二是从环境保护滞后于经济发展转变为环境保护与经济发展同步；三是从主要用行政办法保护环境转变为综合运用法律、经济、技术和必要的行政办法解决环境问题。

2007 年发布《节能减排综合性工作方案》，将节能减排工作作为调整经济结构、转变经济增长方式的突破口和重要抓手。同年，《国家环境保护"十一五"规划》进一步确定了"十一五"期间环境保护重点领域和主要任务，并对二氧化硫、化学需氧量等主要污染物的排放总量进行了规定。与此同时，这一时期环境保护法律法规体系建设也在深入推进，《中华人民共和国可再生能源法》（2005 年发布，后于 2009 年修订）、《中华人民共和国循环经济促进法》（2008 年）等法律相继实施。

2011 年，国务院印发《关于加强环境保护重点工作的意见》，进一步强调着力解决影响科学发展和损害群众健康的突出环境问题。同年，第七次全国环境保护会议召开，会议强调坚持在发展中保护、在保护中发展，积极探索环境保护新道路，为未来中国环境保护工作的深入开展明确了方向。

3.4 中国主要环境规制政策工具的演进

3.4.1 环境影响评价制度

1979 年颁布的《中华人民共和国环境保护法》（试行）首次明确了环境影响评价制度是中国环境保护规制中的重要制度之一。2003 年，《中华人民共和国环境影响评价法》实施，将环境影响评价范围扩展到区域发展规划中。环境影响评价制度"先评价、后建设"的原则可以从源头上有效减少开发建筑活动所带来的环境污染和生态破坏。表 3.1 给出了 1996—2010 年我国环境影响评价制度的具体执行情况，从环评执行率上看，呈现逐年上升趋势，到 2010 年已经接近 100%，这说明环境评价制度在新建项目中已得到普遍落实；同时，执行环境评价项目数也有了明显增加，从 6.54 万增加到 38.98 万，增加了近 5 倍。

表 3.1　　　　　　　　　　环境影响评价制度执行情况

年份	新开工的建设项目数（万）	执行环境评价项目数（万）	环评执行率（%）
1996	8.02	6.54	81.6
1997	7.99	6.82	85.4
1998	8.32	7.89	94.8
1999	10.24	9.49	92.7

表3.1(续)

年份	新开工的建设项目数（万）	执行环境评价项目数（万）	环评执行率（%）
2000	13.93	13.51	97.0
2001	19.38	18.80	97.0
2002	23.72	23.31	98.3
2003	28.11	27.8	98.9
2004	32.32	32.10	99.3
2005	31.56	31.40	99.5
2006	36.48	36.35	99.7
2007	28.05	27.80	99.1
2008	26.83	26.80	99.9
2009	24.90	24.85	99.8
2010	39.02	38.98	99.9

资料来源：根据1997—2011年《中国环境统计公报》整理。环评执行率等于执行环境评价项目数与新开工的建设项目数之比。

3.4.2 "三同时"制度

"三同时"制度是我国较早的环境规章制度之一，是与环境影响评价制度相关联的一项制度。1989年修订的《中华人民共和国环境保护法》将该项制度描述为：建设项目中防治污染的措施，必须与主体工程同时设计、同时施工、同时投产使用。从表3.2中给出的相关数据不难看出，1995—2008年无论是实际执行"三同时"项目数还是"三同时"合格项目数，都呈现出显著的增长趋势，分别增加了4倍和5倍。此外，项目合格率和项目执行合格率也是在不断提高，其中，项目合格率从1995年的78.57%上升到2008年的97.97%，项目执行合格率从1995年的65.28%上升到2008年的101.97%。由此可见，"三同时"制度在新建项目中得到了普遍落实。

表3.2　　　　　　　　"三同时"制度执行情况

年份	当年建成投产项目数（项）	应执行"三同时"项目数（项）	实际执行"三同时"项目数（项）	"三同时"合格项目数（项）	项目合格率（%）	项目执行合格率（%）
1995	30 227	23 013	19 119	15 022	78.57	65.28
1996	29 717	19 937	17 938	15 904	88.66	79.77

表3.2(续)

年份	当年建成投产项目数（项）	应执行"三同时"项目数（项）	实际执行"三同时"项目数（项）	"三同时"合格项目数（项）	项目合格率（%）	项目执行合格率（%）
1997	29 792	17 529	16 650	15 179	91. 17	86. 59
1998	37 546	18 948	18 063	17 049	94. 39	89. 98
1999	48 646	22 985	22 522	21 639	96. 08	94. 14
2000	63 999	29 321	28 709	27 831	96. 94	94. 92
2001	88 541	37 000	36 020	35 520	98. 61	96. 00
2002	100 298	53 287	51 882	51 196	98. 68	96. 08
2003	115 922	63 904	63 191	61 648	97. 56	96. 47
2004	127 580	79 456	78 907	76 038	96. 36	95. 70
2005	99 083	71 472	70 793	67 677	95. 60	94. 69
2006	129 004	81 988	81 480	74 842	91. 85	91. 28
2007	94 805	85 147	84 217	83 080	98. 65	97. 57
2008	94 412	91 707	95 453	93 518	97. 97	101. 97
2009	79 391	77 690	—	—	—	—
2010	—	—	106 765			

资料来源：根据1996—2011《中国环境年鉴》整理，"—"表示相应数据缺失。其中，"三同时"项目合格率等于"三同时"合格项目数与实际执行"三同时"项目数之比；"三同时"项目执行合格率等于"三同时"合格项目数与应执行"三同时"项目数之比。

3.4.3 限期治理、关停并转制度和排污许可证制度

自20世纪70年代末开始，我国开始实施污染限期治理制度，要求污染者在一定时期内完成污染治理任务。对于限期治理不能达标，或因污染严重失去治理价值的企业实行关停并转迁。根据《中国的环境保护》（1996—2005）白皮书的统计，"九五"期间，国家共关闭8.4万家严重浪费资源、污染环境的小企业。2001—2004年国家共淘汰了3万多家资源浪费且严重污染的企业。在2006年针对石化行业的环境安全大检查中，11家沿江河企业被限期整改并挂牌督办，10个违反"三同时"制度的建设项目被查处，4个建设项目被要求限期整改，限期不能完成的将被责令停产。同时，为进一步推进节能减排工作，国家发展和改革委员会与能源办于2007年下发意见，对加快关停小火电机组做

出了部署，整个"十一五"期间，全国一共关停小火电机组 7683 万千瓦。

表 3.3 中的数据显示，1996—2008 年完成限期治理项目数从 5717 项上升到 25 899 项，项目数增加了 3.5 倍；完成限期治理项目投资额（实际值）从 1996 年的 12 亿元上升到 2008 年的 79.21 亿元，增长了 5.6 倍。此外，在 1996—2008 年关停并转迁企业数呈现先下降后上升的趋势，总体上看，2008 年关停并转迁企业数为 22 488 个，大致相当于 1996 年水平的 1/3。

排污许可证制度自 20 世纪 80 年代中期在水污染防治领域开展试点，将排污许可证作为环境保护部门执法和社会公众监督排污单位排污行为的重要依据。国务院于 2000 年发布修订后的《中华人民共和国水污染防治法实施细则》明确规定，县级以上环境保护部门对不超过排放总量指标的污染物发放排污许可证。国家环境保护总局于 2008 年发布《排污许可证管理条例》（征求意见稿），对排污许可证的申请受理、审批颁发、监督检查做出了详细规定。可见，排污许可证制度将在未来中国环境规制政策中发挥愈发重要的作用。表 3.3 中第（4）栏的数据显示，1996—2008 年我国发放的排污许可证数呈现明显的上升趋势，从 41 720 个增加到 166 628 个，增加了近 3 倍。这说明，排污许可证制度已成为一项重要的环境规制政策。

表 3.3　　限期治理、关停并转制度和排污许可证制度执行情况

年份	当年完成限期治理 项目数（项）	当年完成限期治理 项目投资额（亿元）	关停并转迁 企业数（个）	已发放排污 许可证数（个）
1996	5717	12.00	60 845	41 720
1997	15 286	29.55	65 244	51 063
1998	12 020	19.77	13 630	81 578
1999	24 907	39.46	9175	118 230
2000	43 349	88.65	19 498	131 366
2001	15 867	29.19	6574	121 904
2002	24 668	27.69	8184	154 370
2003	27 608	32.58	11 499	176 577
2004	22 649	36.30	13 348	197 294
2005	22 126	42.56	10 777	192 307
2006	20 578	54.67	10 030	217 276
2007	24 113	69.69	25 733	148 320
2008	25 899	79.21	22 488	166 628

资料来源：根据 1997—2009 年《中国环境年鉴》整理。当年完成限期治理项目投资额利用 GDP 平减指数调整为以 1978 年为基年的实际值。

3.4.4 排污费征收制度

排污费可以分为污水排污费、废气排污费、固体废物及危险废物排污费等几类。从排污费征收额上看（见图 3.5），1981—2003 年排污费征收额呈现缓慢上升趋势，从 3.4 亿元增加到 18.79 亿元，增加了 4.35 倍；从 2003 年开始，排污费征收额呈现显著增加趋势，到 2007 年排污费征收额达到最大值，达到 37.07 亿元。这种增长趋势可能跟排污费征收管理制度于 2003 年修订有关，修订后的《排放费征收使用管理条例》将排污收费由单纯的超标收费改成排污即收费和超标收费并行。同时，1981—2002 年排污费缴纳单位数增长趋势明显，增长速度明显超过排污费征收额的增长速度；而从 2002 年开始，排污费缴纳单位数呈现出下降趋势，到 2010 年为 413 575 个，仅相当于 2002 年（920 000 个）数目的 44.95%。但同时段内，排污费征收额却呈现上升趋势。这表明，地方政府通过排污费征收所进行的环境规制力度在不断加强。

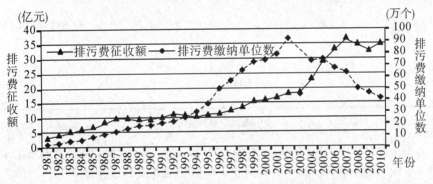

图 3.5　1981—2010 年排污费征收额和缴纳单位数

注：1981—1990 年排污费征收额和缴纳单位数数据来自中国环境统计资料汇编（1981—1990），1991 年及之后的数据来自各年中国环境年鉴；同时，排污费征收额使用 GDP 平减指数调整为以 1978 年为基年的实际值。

3.4.5 环境污染治理投资总体构成

从治污投资的项目构成上看（见表 3.4），1999—2011 年基础设施建设项目所占的投资比重最高，平均值为 54.34%；"三同时"环境保护项目投资所占比重次之，平均值为 31.01%；工业污染项目治理投资所占比重最低，平均值为 14.61%。从时间变化趋势上看，工业污染项目治理投资的比重总体上呈现下降趋势，"三同时"环境保护项目投资的比重有了明显提升，而基础设施建设项目的投资比重也略微下降。

表 3.4   1999—2011 年环境污染治理投资的项目构成   单位:%

年份	治理工业污染项目比重	环境基础设施建设比重	"三同时"环境保护项目比重
1999	18.55	58.18	23.28
2000	23.13	50.79	25.62
2001	15.77	53.83	30.40
2002	13.78	57.72	28.50
2003	13.63	65.88	20.49
2004	16.13	59.75	24.11
2005	19.19	54.01	26.80
2006	18.86	51.24	29.90
2007	16.31	43.32	40.37
2008	12.08	40.11	47.81
2009	9.78	55.51	34.71
2010	5.97	63.48	30.55
2011	6.74	52.62	40.64

资料来源：根据 2000—2012 年《中国统计年鉴》整理。

本部分对中国环境管理机构的历史变迁、环境保护法律法规体系的建立完善、中国工业污染状况和环境规制相关政策的实施进行了系统总结。总体上看，工业废水、工业二氧化硫、工业烟尘、固体废弃物等污染物的排放密集度都出现明显的下降趋势；同时，这几种污染物的排放达标率和去除率都有显著的增加，工业固体废弃物的处理率呈现出较大的波动趋势。此外，环境污染治理投资占 GDP 的比重呈现出稳步上升趋势，几种主要的环境规制政策普遍实施，而排污费的缴纳单位数下降趋势明显但征收额呈现出显著的上升趋势。从下一部分开始，本研究将利用理论分析和实证估计相结合的方法对几个重要问题进行研究。

4. 官员政绩诉求与环境污染事故

4.1 引言

近年来，中国环境污染事故频发，这不仅给人民群众生命财产安全带来直接威胁，更成为影响社会和谐的重要因素。"十一五"期间发生的Ⅲ级以上环境事件中，25%涉及环境污染导致健康损害问题。这些环境与健康事件，80%发生在农村地区，89%集中在化工，金属采选、冶炼及回收利用行业，51%发展为群体性事件。早在 1987 年 9 月，国家环境保护局就已经颁布了《报告环境污染与破坏事故的暂行办法》，并将环境污染与破坏事故（简称环境污染事故）界定为："由于违反环境保护法规的经济、社会活动与行为，以及意外因素的影响或不可抗拒的自然灾害等原因致使环境受到污染，国家重点保护的野生动植物、自然保护区受到破坏，人体健康受到危害，社会经济与人民财产受到损失，造成不良社会影响的突发性事件。"①

与此同时，根据环境保护部发布的《2009 年中国环境经济核算报告》所提供的数据，2009 年我国环境退化成本和生态破坏损失成本合计 13 916.2 亿元，约占当年 GDP 的 3.8%。图 4.1 中的实线、虚线分别给出了 1992—2006 年全国环境污染事故发生次数、直接经济损失的变化趋势。1992—2006 年，全国污染事故次数总体呈现下降趋势，其中，1992—2000 年污染事故次数呈先下降后上升的趋势，2001 年之后开始缓慢下降。1992—2006 年污染事故经济

① 该暂行办法将环境污染与破坏事故（以下简称环境污染事故）分为一般环境污染事故、较大环境污染事故、重大环境污染事故以及特大环境污染事故四类。2006 年 3 月，国家环境保护总局发布《关于印发〈环境保护行政主管部门突发环境事件信息报告办法（试行）〉的通知》（以下简称通知），原有的暂行办法相应废止。通知按照事件严重性和紧急程度，将突发环境事件分为特别重大环境事件（Ⅰ级）、重大环境事件（Ⅱ级）、较大环境事件（Ⅲ级）和一般环境事件（Ⅳ级）四类。

损失发生波动明显。总体来看，污染事故经济损失并没有伴随发生次数的下降而呈现出显著的下降趋势。

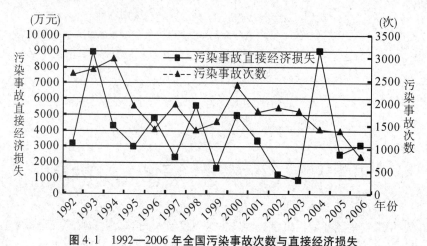

图 4.1　1992—2006 年全国污染事故次数与直接经济损失

注：数据来源于 1993—2007 年中国环境年鉴，其中污染事故直接经济损失使用 GDP 平减指数调整成以 1978 年为基年的实际值。

面对日益严峻的环境污染问题，国务院于 2005 年 12 月印发了《关于落实科学发展观加强环境保护的决定》，明确规定将环境保护纳入领导班子和领导干部考核的重要内容，并将考核情况作为干部选拔任用和奖惩的依据之一。同时，环境污染治理投资也在逐年增加，2010 年，我国环境污染治理投资达到6592.8 亿元，占当年 GDP 的 1.39%。2012 年的《政府工作报告》更是强调：我们要用行动昭告世界，中国绝不靠牺牲生态环境和人民健康来换取经济增长。在全面落实科学发展观与构建和谐社会的时代背景下，更加注重经济增长的质量与环境保护，已经成为政策制定者与普通民众的共识①。

环境污染事故的发生虽然具有一定的偶然性和突发性，但是在环境污染事故频发的背后，存在着深刻的经济制度因素。探究这些经济制度因素，能为有效防范环境污染事故的发生提供有益的借鉴。媒体与学者对造成环境污染事故的经济、制度因素进行了总结。其中，一些被公认的重要因素有：一是产业布局不合理。许多具有潜在污染危害的化工企业分布在水域沿岸和人口密集区，

---

① 温家宝总理在 2012 年"两会"期间会见中外记者并回答记者提问时强调："这次我们将多年来 8% 以上的中国经济增速调低到 7.5%，其主要目的就是要真正使经济增长转移到依靠科技进步和提高劳动者素质上来，真正实现高质量的增长，真正有利于经济结构调整和发展方式的转变，真正使中国经济的发展摆脱过度依赖资源消耗和污染环境，走上一条节约资源能耗、保护生态环境的正确道路上来。"

许多地方政府在招商引资的过程中，忽视产业合理布局的重要性，这为污染事故的发生埋下了隐患。2006 年进行的全国化工石化行业环境风险大排查的结果显示，在总投资约 1 万亿元的 7555 个化工石化建设项目中，约 81%设在江河水域、人口密集区等环境敏感区域。二是政府治污效率低下。诸多城市的治污设施闲置，个别地方治污项目重建轻管、效益发挥不正常。此外，审计署于 2009 年 10 月 28 日发布报告称：历经 6 年时间，投入治理资金 910 亿元，"三河三湖"（淮河、辽河、海河和巢湖、太湖、滇池）目前整体水质还比较差。在"三河三湖"污染治理过程中，存在着挪用和虚报治污费用、执法监督不力、忽略管理制度建设等突出问题。三是高污染产业比重过高。我国环境代价高的传统产业多在低水平上发展，而能源结构以煤为主，效率不高，污染严重（解振华等，2005）。据国家统计局测算，火电、钢铁、化工、建材、有色金属、石油加工及炼焦等几大高耗能行业的增加值占我国规模以上工业增加值的33%，而能耗比重却占到 70%左右。四是企业违法成本过低。长期以来，环境保护中企业违法成本低、守法成本高，污染罚款难以约束和威慑企业的污染行为。例如，在 2005 年发生的松花江水污染事故中，国家环境保护总局仅处污染企业吉林石化 100 万元的罚款，远不及该事故造成的重大损失。五是地方官员过分追求政绩。"晋升锦标赛"使得官员只关心自己任期内所在地区的短期经济增长，而忽视高速经济增长可能带来的严重环境污染和高昂能源消耗问题（周黎安，2007）；同时，在可利用的"环境资源"有限的情况下，对 GDP 增长的过度关注会促使地方政府鼓励辖区企业争夺"环境资源"（周昭和刘湘勤，2008），使得环境保护部门对企业污染行为的监督和约束力量大大弱化①。

尽管中央政府在官员考核体系中加入了多重目标，但经济增长已成为大多数官员所关注的首要目标，从多任务理论的视角看，经济增长指标显然比其他指标更容易测量（Yao 和 Zhang，2012），基于省级面板数据的实证研究表明，地区经济增长绩效越好，地方官员获得升迁的概率越大（Li 和 Zhou，2005；Chen 等，2005）。已有文献认为，地方官员之间存在的"晋升锦标赛"机制是促进地区经济增长的重要制度因素（周黎安，2007），地方官员推动经济发展的热情促成了各地区"为增长而竞争"的格局（张军，2005）。在此，本书将地方官员追求辖区经济增长动机和激励称为官员政绩诉求。不容忽视的是，地

---

① 一个比较典型的例子便是紫金矿业污水泄漏事件。该公司的管理团队，包括董事会、监事会，不少人都曾经在政府部门供职；2009 年，紫金矿业对上杭县财政收入贡献达到近 60%，地方政府是该公司的最大受益者，这使得地方政府一直对该企业的环境污染行为采取默许和庇护政策。（详见《南方周末》2010 年 10 月 24 日报道）

方官员之间"为增长而竞争"会带来诸如地方保护主义、重复建设问题等负面影响（周黎安，2004），使地方政府忽视民生与和谐（陈钊和徐彤，2011）。而一些实证研究也表明，在频发的矿难事故和土地违法事件中，地方官员扮演着重要角色（聂辉华和蒋敏杰，2011；梁若冰，2009；张莉等，2011）。当地方官员追求短期的经济增长时，必然会忽视产业的合理布局、污染治理的有效投入以及传统产业的优化升级，因此，地方官员的政绩诉求是导致环境污染事故频发的根本制度性因素。值得研究的问题便是，在不断出现的环境污染事故中，地方官员的政绩诉求是不是一个重要原因？对于环境污染事故频发原因的诸多解释能否得到经验证据的有力支持？

一些学者从理论机制上探讨了地方政府行为对环境保护带来的影响（赵志平和贾秀兰，2005；刘凌波和丁慧平，2007；杨瑞龙等，2007）；而实证研究多将研究重点放在地方政府环境政策的策略博弈之上（杨海生等，2008；李猛，2009；张征宇和朱平芳，2010）。已有的经济学文献尚缺乏地方官员政绩诉求与辖区环境污染事故之间关系的实证考察，更未对造成环境污染事故的系列因素进行系统探讨。本书以1992—2006年的省级层面的数据为研究样本，以环境污染事故为切入点，对引发环境污染事故的一系列因素进行了系统考察。结果显示，经济增长绩效与地区环境污染事故发生次数及其造成的经济损失之间存在显著的负向关系，而相对于内陆地区，经济增长绩效与环境污染事故之间的负向关系在沿海地区更加显著。同时，外商投资企业比重、高污染产业比重、地方官员个人特征（任期、年龄）等也是影响辖区环境污染事故发生次数及其直接经济损失的重要因素。

本书在以下两个方面丰富了已有文献：一是已有文献利用省级面板数据对官员政治晋升与辖区经济增长绩效之间的关系进行了较为成熟的研究（Li和Zhou，2005；Chen等，2005；周黎安等，2005）。然而，官员追求经济增长绩效给辖区环境质量带来的影响却缺乏经验证据，本书首次利用省级面板数据证实了官员政绩诉求对辖区环境保护的负面影响。二是本书对造成环境污染事故的经济、制度因素进行了具体论述和实证检验，这不仅为有效遏制环境污染事故、改进环境保护工作提供了政策启示，也为近年来的官员考核机制改革提供了证据支持。

4.2 理论分析

改革开放以来中国经济持续快速的增长，引发了大量的文献讨论。其中，从地方政府治理和激励的角度理解中国经济的增长已成为许多学者的共识（Qian 和 Weingast，1996、1997；Li 和 Zhou，2005；张军，2005；Zhang，2006；Xu，2011）。已有研究利用中国省级面板数据证明，地方官员的政治激励是提升辖区经济增长绩效的重要因素（张军和高远，2007；王贤彬和徐现祥，2008）。然而，上述文献多将研究的重点放在地区经济增长之上，而没有关注官员政治激励机制所带来的成本。自20世纪80年代以来，我国地方官员之间围绕 GDP 增长而进行的"晋升锦标赛"使得政治激励成为重要的激励方式（周黎安，2004）；然而，"晋升锦标赛"机制的弊端在于，它使得政府官员只关心自己任期内所在地区的短期经济增长，而容易忽略经济增长的长期影响，尤其是那些不易被列入考核范围的影响（周黎安，2007），正如陈钊和徐彤（2011）所指出的，地方官员"为增长而竞争"的模式往往会导致地方政府片面追求 GDP，进而忽视民生与和谐。吴（Wu）等（2013）基于城市数据的研究就表明，地方政府在交通基础设施方面的投资会带来更高的 GDP 增长率，进而使地方官员（市长和市委书记）获得政治晋升；相比之下，环境保护投资支出却与官员升迁概率显著负相关。接下来，本书将从环境保护政策参与主体（中央政府、地方政府、污染企业）的角度，讨论地方官员政绩诉求可能对环境污染事故产生的影响。

首先，在现有的环境保护机制下，中国的环境政策由中央政府统一制定，地方政府负责具体实施。由于中央政府与地方政府的目标函数并不一致，地方政府出于发展本地经济的目的，将有动机不完全或扭曲执行国家的环境政策，纵容甚至鼓励辖区内的企业争夺有限的"环境资源"（周昭和刘湘勤，2008）。对于地方政府而言，放松环境监管手段是招商引资的一种竞争手段。为了获取更多的流动性要素，具有明显外部性的环境政策往往首当其冲成为被牺牲的一项公共服务（杨海生等，2008）。例如，河流上游地区的环境治理行为将会使河流下游地区收益，这种外溢效应使得地方政府的环境治理投入往往低于最优水平。其次，地方官员之间存在着以 GDP 为主的官员绩效考核机制。在晋升压力之下，地方政府对于污染企业的应有的监管会相对弱化，因为污染企业不仅能为地方政府带来更多的 GDP 和财税收入，也可能会通过寻租活动为地方官员带来私人收益。一个明显事实便是，21世纪以来工业污染造成的恶性环境事件日益增多，而这些事件也往往发生在招商引资最为活跃的地区（陶然等，2009）。最后，国家环境保护政策的实施依赖于地方环境保护部门的监管和落实，作为地方政府的"下属部门"，地方环境保护部门的执法决策将不可避免地受到地方政府的干预和影响。尤其是当地方政府过度关注经济增长而忽视环境保护时，地方环境保护部门往往难以对企业的环境污染行为进行有效的监督和约束①。

基于上述分析，本书将进一步实证考察地区经济增长绩效与环境污染事故之间的关系。地区经济增长绩效既是决定官员升迁的重要因素，也是地方官员政绩表现的重要组成部分，地方官员对于辖区经济增长存在一种"强烈诉求"②。需要指出的是，在地方官员之间存在着以经济增长为核心的相对绩效考核机制。相对绩效考核机制是指中央政府对于地方官员的考核评价，并非基于本任官员经济增长的绝对表现，而是基于本任官员经济增长与前任官员经济增长、周边省份经济增长平均值以及本省长期经济增长趋势之间的差距（周黎安等，2005）。因此，本书将重点关注辖区经济增长绩效的相对表现。

根据已有的文献，以下因素可能会对环境污染事故产生影响：

（1）官员任期和年龄。在中国官员任期制度下，官员任期与年龄是影响地方官员行为动机的重要因素，如果官员在某一职位任职时间过长或者面临年龄限制而即将终结任期，就会改变目标函数和决策方式，弱化其激励水平（张军和高远，2007）。而根据相关法律规定，省部级官员的退休年龄为65岁，官员年龄也是决定官员能否得到升迁的重要因素。

（2）外商投资企业的比重。一方面，地方政府为了保持本地的相对优势，往往采取降低环境标准的方式来吸引外商直接投资（Ljungwall和Linde-Rahr，2005；朱平芳等，2011）。外商会因此通过直接投资渠道将国外淘汰的、严重污染环境的、禁止使用的产品、技术和设备转移到中国，从而使中国成为"污染天堂"（pollution haven）。基于省级数据的实证研究也证明了"污染天堂"假说的成立（Ljungwall和Linde-Rahr，2005）。另一方面，FDI往往能够

①　安徽某县环境保护局就曾因"擅自"执法一家利税大户，触怒了县领导，该局6名干部被做出停职处理。如此的事件并非个例。（中国青年报，2011年9月15日，《环境保护执法软得像豆腐》）
②　尽管"较好的经济绩效促使地方官员获得政治晋升"这一论点，受到了一些学者的挑战（陶然等，2009，2010；段润来，2009），但是，诸多地方官员努力追求辖区经济增长却是一个不争的事实。

为东道国带来更先进的排污技术与更严格的污染排放标准（Prakash 和 Potoski，2007；Zeng 和 Eastin，2012），而一些实证研究也证明 FDI 对中国各地区的环境质量存在显著的正向影响（Liang，2006；Zeng 和 Eastin，2007）。因此，考察外商投资企业比重对环境污染事故的影响尤为必要。

（3）地方政府财政盈余程度。实际上，地方官员不仅面临着政治晋升激励，同样面临着财政激励。地方官员在追求地区经济增长的同时，也会追求地方政府财政收入的增加。财政盈余程度决定着一个地区对企业污染行为的容忍程度与执法力度。

（4）其他影响污染事故的因素。根据前文分析，笔者进一步控制两个因素：①工业治污投入的比重，用以描述部分地区存在的治污效率低下、治污投入不足等问题；②高污染产业的比重，用以反映高污染产业比重过高所带来的污染事故风险。

最后，本书需要进一步说明如下两点：

（1）虽然在省长和省委书记层面，都存在以经济增长为核心的相对绩效考核机制，但是省长对经济建设负有直接的管理责任，省委书记则更多地考虑谋篇布局的工作，对经济发展、社会和谐等方面负有重要责任（王贤彬等，2011），因此，本书将关注省长身份特征的影响。

（2）从长期来看，经济增长与环境污染之间往往存在着倒"U"形关系，即在经济发展的初始阶段，环境质量随着经济增长而不断恶化。当经济增长到一定程度之后，环境质量会随着经济增长而不断改善，这种倒"U"形的曲线便是环境库兹涅茨曲线（EKC）（Grossman 和 Krieger，1995）。一些学者利用中国数据，对我国环境库兹涅茨曲线所处的阶段以及相应的拐点做出了实证分析（包群和彭水军，2006；蔡昉等，2008；许广月和宋德勇，2010；科尔等，2011）。然而，EKC 假说更像是对一种经济现象的描述，使用不同的衡量指标和样本集，所得出的结论并不完全一致。EKC 假设暗含环境污染的改善需要一定的"时间等待"。相比之下，本书所关注的重点是，从地方官员政绩诉求的角度探讨能够减少环境污染事故的有效机制。

4.3 模型设计和数据来源

4.3.1 模型设计

本书建立如下面板回归模型：

$$\ln Y_{it} = \alpha_0 + \alpha_1 perf_{it-1} + \alpha_2 \ln econo_{it-1} + \beta person_{it} + \varphi district_{it} + \delta_i + \theta_t + \varepsilon_{it}$$

$$(4.1)$$

其中，被解释变量 Y 分别使用环境污染事故的发生次数（以下称污染事故次数，total）和污染事故造成的直接经济损失（以下称污染事故损失，econo）表示。之所以将污染事故损失作为被解释变量，主要是考虑到环境污染事故的严重程度存在较大差别，使用污染事故损失能够较好地刻画环境污染事故的严重程度[①]。虽然笔者可以使用 SO_2 排放、污水排放等地区实际污染水平指标作为被解释变量，但在本书考察的样本期内（1992—2006 年），相对于实际污染水平的变化，环境污染事故的增减更能引起上级政府和社会公众的关注。这导致地方官员更加关注环境污染事故所带来的影响，因而官员政绩诉求的变化更可能影响到环境污染事故的发生。

笔者通过如下三种方式来衡量一个地区的经济增长绩效（perf）：一是本任累计 GDP 实际平均增长率与前任平均 GDP 实际增长率之差；二是本任累计 GDP 实际平均增长率与同区域其他省份 GDP 实际平均增长率之差[②]；三是本任累计 GDP 实际平均增长率与地区实际 GDP 5 年移动平均增长率之差。为了描述的方便，本书将上述三种方式构造出的变量分别定义为 perf1、perf2、perf3，这些变量的数值越小，表明地方官员的政绩诉求越大；同时，将这些变量的上一期加入方程作为解释变量，进而避免可能存在的内生性问题。本书进

---

① 本书将环境污染事故造成的直接经济损失，使用 GDP 平减指数调整成以 1978 年为基年的实际值。考虑到部分省份没有发生环境污染事故，事故直接经济损失为 0，笔者对被解释变量进行对数转换时，具体使用转换公式 econo=ln（loss+1），其中，loss 表示污染事故直接经济损失的实际值。

② 所谓同区域是指将全国按照东、中、西部三大区域划分。其中，东部地区包括北京、天津、河北、辽宁、上海、江苏、浙江、福建、山东、广东、广西、海南；中部地区包括山西、内蒙古、吉林、黑龙江、安徽、江西、河南、湖北、湖南；西部地区包括重庆、四川、贵州、云南、西藏、陕西、甘肃、青海、宁夏、新疆。

一步将上一期的污染事故损失（对数值）加入方程（4.1）的右端，以此考察上一期过多的污染事故损失是否会促使地方官员采取措施加强环境保护，进而降低本期的污染事故次数和损失。

变量 person 代表地方省长的个人特征，包括年龄（age）、年龄是否大于60 岁的二元变量（age60）①、任职期限（tenure），其中，变量 tenure 参照王贤彬和徐现祥（2008）的方法衡量。参照前文的分析，本书在方程（4.1）中加入一系列可能影响环境污染事故发生的地区因素（district）：地方财政盈余程度（deficit），等于财政决算收入与财政决算支出之差除以财政决算支出；工业治理污染投资与工业销售收入的比重（inves）；外商投资企业的比重（forei），等于城镇外商投资单位年末从业人员数除以城镇年末从业人员数；地区高污染产业的比重（struc），等于单位实际工业增加值的 SO_2 排放量；地区实际 GDP 的对数（lngdp），用以控制地区经济的总规模。方程（4.1）中的 δ 和 θ 分别代表省份、年份固定效应，ε 为方程的误差项。每个地区一系列不随时间变化的因素（如河流分布、地理位置）可能会影响到环境污染事故的发生，而准确测量这些因素存在一定困难。为此，本书使用面板数据固定效应模型对这些因素进行控制②。

需要指出的是，环境年鉴中所汇总的污染事故信息只是已经发现的，并不能代表一个地区真实的污染状况，但是，诸多环境污染事故是小规模污染日积月累变成大规模污染、"量变引发质变"的结果③。总体而言，污染事故频发的地区往往也是实际污染水平较高的地区，实际的污染与已经发现的污染呈现出相同的变化趋势。同时，存在这样的可能性：在那些环境污染水平较高、处于环境污染事故爆发"临界点"的地区，即便地方官员努力加强环境保护工作，也未必能有效降低环境污染事故的发生。因此，在考察地方官员政绩诉求对环境污染事故影响时，需要考虑当地的实际污染水平，而在方程（4.1）控

---

① Li 和 Zhou（2005）、Chen 等（2005）以及王贤彬等（2011）在官员晋升的实证模型中加入了虚拟变量"年龄65"（如果官员年龄大于等于 65 岁取 1，否则取 0）。考虑到样本中仅有少量官员年龄超过 65 岁，本书引入虚拟变量 age60。如果地方官员的年龄大于等于 60 则取 1，否则取 0。根据法律规定，中国的省级官员是 65 岁退休，小于 60 岁的地方省长很可能通过良好的政绩表现获得升迁或在原位置继续留任一届（5 年）。

② 同时，控制省份固定效应还能进一步控制产业布局因素对环境污染事故的影响，尤其是在那些江河水系较为密集的省份，不合理的企业布局更容易导致环境污染事故的发生。

③ 例如，自从紫金矿业开始在上杭紫金山开采金矿以来，就对当地环境造成污染，但直到 2010 年水污染事故爆发后，该公司的环境污染行为才进入公众视野。（详见《财经国家周刊》2010 年第 16 期）

制变量中加入单位工业增加值 SO_2 排放量（struc），能较好地控制这一因素的影响。

考虑到以污染事故次数（total）作为被解释变量时，使用通常的固定效应模型会给估计结果带来偏误，本书将使用固定效应泊松模型（fixed effect poisson model）对方程（4.1）进行估计。对于特定年份 t，某地区 i 污染事故次数 total 服从泊松分布，即：

$$P(total_{it}) = \frac{e^{-\lambda_{it}} \lambda_{it}^{total_{it}}}{total_{it}!} \qquad (4.2)$$

其中，泊松分布的期望值由 λ_{it} 给定，变量 $total_{it}$ 的期望值为：$E(total_{it} \mid X_{it}) = \lambda_{it} = e^{\beta X_{it}}$。$X_{it}$ 为影响地区污染事故次数的特征向量，包括一系列方程（4.1）所列示的影响污染事故次数的因素。当使用污染事故损失（econo）作为被解释变量时，方程（4.1）的解释变量含有被解释变量的滞后项，对于动态面板数据模型（dynamic panel data model），通常的 OLS 估计和固定效应模型估计都会带来偏误。本书将使用阿雷拉诺和博韦尔（Arellano and Bover, 1995）、本德尔和邦德（Bundell and Bond, 1998）提出的系统 GMM 方法进行估计，与差分 GMM 方法仅使用差分方程的信息不同，系统 GMM 方法同时使用差分方程和水平方程的信息，尤其是在样本数据事件跨度较长的情况下，系统 GMM 参数估计在理论上更为有效。

4.3.2 数据来源

本书所使用的样本为省级面板数据（不包括西藏、新疆），考虑到从 1992 年开始，中国环境年鉴才提供环境污染事故直接经济损失的完整数据，而从 2007 年开始，各级环境保护部门按照新的《环境保护行政主管部门突发环境事件信息报告办法》（试行）汇总环境突发事件的数据。无论是定义还是分级界定，环境突发事件与环境污染事故都存在较大不同，因此，本书使用 1992—2006 年各地区环境污染事故的数据[①]。各地区省长的任职期限、个人年龄方面的数据来源于新华网的官员简历。为了使官员的数据更加准确，本书使用百度百科进一步确认。各省份污染事故次数和损失数据来源于各年《中国环境年鉴》，其他经济层面的数据来源于中经网统计数据库。

[①] 本书没有使用 2006 年之后的数据作为研究样本，主要是因为这段时间内的样本量较少且诸多省份突发环境事件的直接经济损失存在缺失。

表 4.1 中给出了主要变量的描述性统计，1992—2006 年各省份污染事故平均次数为 65.928 次，在最严重的地区，一年之中发生的环境污染事故竟高达 470 次。与此同时，各地区经济增长的表现也存在较大不同。其中，变量 accumu 的最大值为 22%，最小值为 5.267%，地区经济增长的不同表现将给地方官员带来不同的晋升压力。从官员的任期和年龄来看，地方省长的最长任期为 12 年，最短任期为 1 年；而省长的最大年龄为 66 岁，最小年龄为 43 岁。此外，变量 inves、forei、struc 以及 lngdp 的最大值和最小值之间差距明显，这说明各地区工业治污投资比重、外商投资企业比重、单位工业增加值 SO_2 排放和地区经济规模均存在着较大差异。

表 4.1 　　　　　　　　变量描述性统计

变量名	样本数	均值	中位数	标准差	最小值	最大值
total	430	65.928	32	83.462	0	470
lnecono	430	3.018	3.034	1.926	0	8.610
accumu	430	11.270	10.800	2.721	5.267	22.000
previous	427	10.662	10.233	3.146	2.300	21.900
around	430	11.660	11.126	2.448	7.988	19.691
move	430	10.846	10.550	2.495	4.940	19.520
perf1	427	0.618	0.733	3.561	-12.460	13.900
perf2	430	-0.389	-0.468	2.530	-10.545	8.296
perf3	430	0.425	0.215	1.917	-7.020	10.340
deficit	430	-0.394	-0.419	0.223	-0.822	0.953
inves	430	24.184	20.920	15.118	1.677	107.955
forei	430	0.021	0.009	0.028	0.000	0.173
struc	430	0.238	0.158	0.230	0.022	2.261
lngdp	430	6.455	6.551	0.974	3.678	8.718
tenure	430	3.170	3	2.061	1	12
age	430	57.877	58	4.111	43	66
age60	430	0.391	0	0.488	0	1

注：在计算地区 5 年移动 GDP 平均增长率时，对于不足 5 年的年份，本书采用 GDP 累计平均增长率。

4.4 实证结果

4.4.1 基本结果

表4.2中的第1~3列报告了使用污染事故次数作为被解释变量的回归结果。结果表明，变量perf1、perf2、perf3的系数为负且分别在10%、5%和10%的水平上显著。具体而言，perf1、perf2、perf3每减少（增加）一个标准差（分别为3.561、2.530、1.917），环境污染事故的发生次数分别增加（减少）8.190%、13.915%、7.860%。当污染事故损失作为被解释变量时，笔者使用系统GMM方法对方程（4.1）进行估计，萨尔甘（Sargan）检验和AR（2）检验的P值都显著大于0.1，这说明估计结果不存在工具变量的过度识别和二阶序列相关等问题。第4~6列的结果表明，变量perf2、perf3的系数为负且在10%的水平上显著，变量perf1的系数虽不显著但符号为负。无论是污染事故次数还是污染事故损失，都与地区经济增长绩效存在显著的负向关系，相比之下，变量deficit的系数并不显著。这说明，从全国范围看，地方官员的政绩诉求是导致环境污染事故的重要因素，而财政激励这一因素并未对环境污染事故产生显著影响。

我们进一步关注表4.2中控制变量的系数符号及显著性。无论是使用环境污染事故次数作为被解释变量还是污染事故造成的经济损失作为被解释变量，比较一致的结论是：一是变量inves的系数为负但并不显著，这一发现说明环境治污投入的多寡并未起到显著的作用。产生这一现象的可能原因在于，许多地区的环境治污投入尚缺乏效率，有限的治污投入并没有带来预期的效果。二是变量forei对环境污染事故次数具有显著（至少在5%的显著性水平上）的负向影响，即外商投资企业比重越高，环境污染事故的次数和事故造成的直接经济损失便越低，这一发现并没有支持"污染天堂假说"。对此，一个合理的解释是，FDI往往能够为东道国带来更先进的排污技术与更严格的污染物排放标准，从而降低了环境污染事故发生的风险，而一些实证分析也证明FDI的流入显著改善了中国各地区的环境质量。三是无论是污染事故损失还是污染事故次数都与上一期的污染事故损失存在显著的正向关系，这表明污染事故损失的时序变动非常平稳，也进一步说明环境污染事故本身并没有促使地方政府采取相应措施强化辖区环境保护工作。

从污染事故次数看（表4.2中第1-3列的结果），地方官员的个人因素起到显著作用。随着年龄的增长，地方官员越有动机为实现政治晋升以环境污染换取经济增长，从而导致更多的环境污染事故。然而，这一正向关系并不是单调的。变量age60和tenure的系数表明，当官员年龄大于等于60岁或任职期限越长时，辖区污染事故次数会显著降低。一个可能的解释是，较长任期和年龄超过60岁意味着地方官员丰富的从政经验（Li和Zhou，2005），地方官员能够更好地处理地方经济发展和环境保护之间的关系，从而有效地避免环境污染事故的发生。相比之下，从污染事故损失看（表4.2中第4-6列的结果），地方官员个人因素所起的作用并不显著。变量struc的系数为正且在1%的水平上显著。这一结果表明地区经济结构至关重要，一些地区高污染产业比重过高导致愈发严重的环境污染事故。因此，严格控制高污染产业的比重，推动产业结构优化升级是减少环境污染事故损害的有效途径。

表4.2　　　　污染事故次数与损失的影响因素（基本结果）

解释变量	固定效应泊松回归			系统 GMM		
	total (1)	total (2)	total (3)	econo (4)	econo (5)	econo (6)
perf1	-0.023*			-0.040		
	(-1.884)			(-1.628)		
perf2		-0.055**			-0.062*	
		(-2.336)			(-1.931)	
perf3			-0.041*			-0.102*
			(-1.773)			(-1.934)
lnecono(-1)	0.075**	0.073**	0.079**	0.277***	0.285***	0.289***
	(2.175)	(2.142)	(2.350)	(3.851)	(3.759)	(3.857)
deficit	0.066	-0.211	0.181	-0.960	-1.099	-0.841
	(0.177)	(-0.487)	(0.595)	(-0.904)	(-1.002)	(-0.800)
inves	0.0007	0.0004	0.0004	-0.003	-0.002	-0.002
	(0.210)	(0.131)	(0.114)	(-0.498)	(-0.237)	(-0.349)
forei	-21.621**	-17.751**	-21.686**	-9.650**	-8.205**	-9.906***
	(-2.549)	(-2.482)	(-2.441)	(-2.370)	(-2.009)	(-2.578)
struc	-0.110	0.137	0.109	1.501***	1.587***	1.516***
	(-0.167)	(0.249)	(0.184)	(2.743)	(2.812)	(2.683)
tenure	-0.048**	-0.042***	-0.044**	-0.044	-0.030	-0.037
	(-2.501)	(-2.589)	(-2.559)	(-1.102)	(-0.715)	(-0.874)

表4.2(续)

解释变量	固定效应泊松回归			系统 GMM		
	total	total	total	econo	econo	econo
	(1)	(2)	(3)	(4)	(5)	(6)
age	0.031*	0.034*	0.029	0.039	0.037	0.038
	(1.745)	(1.816)	(1.556)	(1.599)	(1.602)	(1.592)
age60	−0.197*	−0.246**	−0.208*	−0.164	−0.185	−0.201
	(−1.659)	(−2.087)	(−1.647)	(−0.915)	(−1.057)	(−1.144)
lngdp	−0.748	−0.825	−0.907	0.850***	0.896***	0.834***
	(−0.790)	(−0.895)	(−0.907)	(5.117)	(5.191)	(5.169)
年份	Yes	Yes	Yes	Yes	Yes	Yes
Constant				−5.937***	−6.506***	−5.743***
				(−3.331)	(−3.422)	(−3.290)
N	398	401	401	398	401	401
Wald chi2	9200.82	4361.27	2796.47	1386	1767	1313
Sargan(P value)				0.274	0.254	0.201
AR1(P value)				0.000	0.000	0.000
AR2(P value)				0.216	0.282	0.305

注：***、**、*分别表示系数在1%、5%、10%的水平上显著；小括号中给出的经过胡贝尔——怀特（Huber-White）稳健调整的 z 值。考虑到本期污染事故的发生可能会导致下一期环境治污投资的增加，本书在进行系统 GMM 估计时将 inves 视为前定变量，而在固定效应泊松回归时则使用变量 inves 的上一期作为控制变量。

4.4.2　不同区域的比较：沿海地区与内陆地区

考虑到我国沿海地区与内陆地区的经济发展水平存在较大的差距，本书将分样本进行实证估计，进而考察官员的政绩诉求在沿海和内陆地区所体现出的不同作用。表4.3 报告了使用污染事故次数作为被解释变量并进行固定效应泊松估计的结果：第1~3列的结果显示，在沿海省份，地区经济增长绩效与环境污染事故发生次数之间存在显著的负向关系；而在内陆省份（表4.3 中第4~6列的结果），这一影响虽然为负但并不显著。沿海地区与内陆地区的这一差异可能源于：与沿海省份相比，内陆省份的地方官员在追求 GDP 增长之外，还会更多地追求减少贫困、增加就业、维护社会稳定等社会目标；相对而言，追求 GDP 增长率会更加深刻地影响沿海省份地方官员的行为动机。

此外，变量 lnecono 上一期的系数在第 1~3 列并不显著，而在第 4~6 列为正且显著。这说明，相对于沿海地区，内陆地区上一期的污染事故损失并没有促使政府采取措施减少本期污染事故的发生。这一差异可能源于沿海地区居民的收入水平更高、对环境质量的诉求更强，从而使地方政府更加重视采取措施遏制环境污染事故的发生。表 4.3 的结果也进一步说明，无论是沿海地区还是内陆地区，地方政府财政激励、环境治污投入、高污染产业比重等因素都没有显著地影响污染事故次数，这与使用全样本所得出的实证结果相一致。

与此同时，本书进一步对可能影响污染事故直接经济损失（econo）的一系列因素进行分地区讨论，结果列示在表 4.4 中。在内陆地区，辖区经济增长绩效对污染事故损失依然没有显著影响，而上一期的污染事故损失与本期污染事故损失具有显著正向关系，这一显著关系在沿海地区并不存在，以上发现与表 4.3 所得结论基本一致。无论是沿海地区还是内陆地区，高污染产业比重对污染事故损失的影响都显著为正，而环境治污投入对污染事故损失的影响并不显著，这与使用全样本所得出的实证结果相一致。

表 4.3　　　　污染事故次数的影响因素（固定效应泊松回归）

解释变量	沿海地区			内陆地区		
	（1）	（2）	（3）	（4）	（5）	（6）
	total	total	total	total	total	total
perf1	−0.056 ***			0.024		
	（−3.078）			（0.881）		
perf2		−0.083 **			−0.011	
		（−2.246）			（−0.317）	
perf3			−0.048			0.019
			（−1.258）			（0.374）
lnecono（−1）	−0.008	0.006	−0.002	0.141 ***	0.139 ***	0.140 ***
	（−0.228）	（0.182）	（−0.047）	（2.746）	（2.714）	（2.722）
deficit	0.454	0.026	0.399	0.391	0.529	0.421
	（0.679）	（0.043）	（0.811）	（0.327）	（0.522）	（0.393）
inves	−0.010	−0.010	−0.010	0.006	0.007	0.007
	（−1.580）	（−1.597）	（−1.568）	（1.263）	（1.325）	（1.373）
forei	−13.740	−14.350	−20.205 *	−28.505	−35.677	−36.104
	（−1.603）	（−1.593）	（−1.930）	（−0.663）	（−0.792）	（−0.797）
struc	0.224	0.212	1.762	0.465	0.301	0.295
	（0.144）	（0.119）	（1.045）	（0.873）	（0.482）	（0.504）

表4.3(续)

解释变量	沿海地区			内陆地区		
	(1)	(2)	(3)	(4)	(5)	(6)
	total	total	total	total	total	total
tenure	−0.077	−0.076	−0.058	−0.028	−0.034*	−0.031*
	(−1.530)	(−1.498)	(−1.157)	(−1.363)	(−1.894)	(−1.850)
age	0.021	0.029	0.017	0.020	0.024	0.020
	(0.530)	(0.732)	(0.351)	(0.993)	(1.141)	(0.985)
age60	−0.021	−0.050	−0.043	−0.316**	−0.345***	−0.326**
	(−0.103)	(−0.246)	(−0.170)	(−2.380)	(−2.658)	(−2.463)
lngdp	−0.520	−0.811	−0.461	−3.216***	−3.040**	−3.170***
	(−0.367)	(−0.552)	(−0.324)	(−3.188)	(−2.166)	(−3.127)
年份	Yes	Yes	Yes	Yes	Yes	Yes
N	168	168	168	230	233	233
Wald chi2	1926.93	1366.98	4186.35	5547.59	2086.34	4621.67

注：***、**、*分别表示系数在1%、5%、10%的水平上显著，中括号中给出的经过稳健（Robust）调整的z值，本表在泊松回归中使用变量inves的上一期作为控制变量。沿海地区包括北京、天津、辽宁、河北、山东、江苏、上海、浙江、福建、广东、广西和海南，内陆地区包括内蒙古、黑龙江、吉林、山西、河南、安徽、湖北、湖南、江西、陕西、四川、重庆、云南、贵州、青海、宁夏和甘肃。

　　需要指出的是，其他一些控制变量也在沿海地区与内陆地区发挥着不同作用，这一差异可能源于沿海地区与内陆地区经济发展方式和经济结构的差异。沿海地区与内陆地区存在如下两方面明显差异：①沿海地区财政盈余水平对污染事故损失存在显著负向影响，而在内陆地区，这一影响并不显著，这说明在沿海地区财政盈余水平的增加能够有效降低环境污染事故经济损失。毕竟，中央财政转移支付在内陆地区的地方财政收入中占有明显比重，因财政分权而形成的财政激励在沿海地区发挥着更加显著的作用，在那些财政盈余水平越高的地区，地方官员为追求财政收入而放松环境监管的激励越弱。②在内陆地区，外商投资企业的比重对污染事故损失存在显著负向影响，这一影响在沿海地区却不显著，这一结论依然没有支持FDI的"污染避难假说"。导致这一结果的原因可能是：自20世纪90年代开始，沿海地区多是凭借廉价劳动力和巨大市场潜力承接了国际产业转移，这些外资企业多以劳动密集型产业为主，并未给沿海地区带来先进的排放技术和严格的污染排放标准。

表 4.4　　　　环境污染事故经济损失的影响因素（系统 GMM）

解释变量	沿海地区			内陆地区		
	（1）	（2）	（3）	（4）	（5）	（6）
	econo	econo	econo	econo	econo	econo
perf1	−0.112 ***			0.028		
	(−6.025)			(0.639)		
perf2		−0.015			−0.017	
		(−0.452)			(−0.317)	
perf3			−0.083			−0.101
			(−1.506)			(−1.045)
lnecono（−1）	0.169	0.205	0.202	0.364 ***	0.351 ***	0.344 ***
	(1.362)	(1.582)	(1.519)	(4.515)	(4.410)	(4.806)
deficit	−2.837 **	−2.356 *	−2.297 *	−0.242	−0.146	−0.186
	(−2.481)	(−1.898)	(−1.932)	(−0.125)	(−0.076)	(−0.099)
inves	−0.008	−0.008	−0.008	−0.007	−0.005	−0.005
	(−0.594)	(−0.510)	(−0.565)	(−0.856)	(−0.615)	(−0.682)
forei	−6.803	−8.090	−8.922	−75.576 **	−77.764 **	−75.118 **
	(−1.302)	(−1.397)	(−1.556)	(−2.129)	(−2.127)	(−2.090)
struc	5.426 ***	4.422 ***	4.540 ***	1.235 **	1.075 **	1.062 *
	(4.510)	(3.140)	(3.212)	(2.138)	(2.207)	(1.892)
tenure	0.082	0.085	0.078	−0.059 **	−0.070 ***	−0.082 **
	(0.883)	(0.793)	(0.736)	(−1.964)	(−2.693)	(−2.514)
age	−0.021	−0.003	−0.008	0.052 *	0.050 *	0.051
	(−0.712)	(−0.128)	(−0.291)	(1.752)	(1.755)	(1.584)
age60	−0.565 **	−0.520 **	−0.535 **	−0.120	−0.096	−0.107
	(−2.041)	(−2.070)	(−2.059)	(−0.479)	(−0.395)	(−0.422)
lngdp	1.283 ***	1.199 ***	1.186 ***	0.575 **	0.576 **	0.574 **
	(6.179)	(4.962)	(5.402)	(2.044)	(2.077)	(2.041)
年份	Yes	Yes	Yes	Yes	Yes	Yes
Constant	−6.297 ***	−6.809 ***	−6.235 ***	−3.985	−3.663	−3.576
	(−2.782)	(−3.087)	(−2.793)	(−1.503)	(−1.408)	(−1.394)
N	168	168	168	230	233	233
Wald chi2	174.8	91.11	140.6	334.5	142.2	840.9

表4.4(续)

解释变量	沿海地区			内陆地区		
	(1)	(2)	(3)	(4)	(5)	(6)
	econo	econo	econo	econo	econo	econo
Sargan(P value)	0.205	0.220	0.199	0.193	0.155	0.137
AR1(P value)	0.002	0.002	0.002	0.001	0.002	0.002
AR2(P value)	0.595	0.357	0.555	0.499	0.591	0.623

注: *** 、** 、* 分别表示系数在1%、5%、10%的水平上显著；小括号中给出的是 z 值；沿海地区与内陆地区的划分详见表4.3。在使用系统 GMM 方法进行回归时，inves 被设为前定变量。

4.5 结论性评述

近年来，频发的环境污染事故不仅给人民群众的生命财产安全造成了直接威胁，也有违于科学发展观与构建和谐社会要求。已有的文献表明，地方官员的晋升激励在促进辖区经济增长的同时也会带来一系列的负面影响（如土地违法），那么，地方官员的晋升激励在不断发生的环境污染事故中起到了怎样的作用？环境污染事故是否会受到其他经济社会因素的影响？

笔者使用地区 GDP 增长率衡量了地方官员的政绩诉求，在经济增长绩效表现越差的地区，地方官员的政绩诉求相对更强烈。本书以 1992—2006 年的省级层面的数据为研究样本，首次实证检验辖区经济增长绩效对环境污染事故的影响。结果发现，辖区经济增长绩效对地区环境污染事故发生次数以及污染事故经济损失都具有显著负向影响，这说明，辖区经济增长绩效表现越差，地方官员的政绩诉求越强烈，进而会忽视辖区的环境保护问题。与此同时，外商投资企业比重的增加将有效地减少污染事故次数和污染事故损失，而降低高污染产业的比重也将有效地降低污染事故造成的损失。上述研究发现表明，改变现有的官员绩效考核体制，更加重视地区经济发展的质量，对于防范和减少环境污染事故的发生尤为重要。

令人欣慰的是，近年来的地方官员绩效考核体系正在打破以往的"唯GDP 论"。2007 年 5 月 23 日，国务院下发了《国务院关于印发节能减排综合性工作方案的通知》，明确提出要把节能减排指标完成情况作为政府领导干部综合考核评价的重要内容，实行"一票否决"制。2008 年 7 月，中央组织部委托国家统计局在全国 31 个省、区、市开展组织工作满意度的民意调查，尝试在官员的绩效考核中加入民众的满意度。这些举措是国家为全面落实科学发展观、加快转变经济发展方式而进行的重要制度探索。最新研究表明，环境质量指标逐渐成为影响官员升迁的重要因素，来自中央政府和辖区公众的压力将促使地方政府在环境污染治理上付出更多努力（Zheng 等，2013）。鉴于此，我们有理由对中国环境质量的不断改善持乐观态度。

需要指出的是，虽然省级官员可能无法对辖区（市、县）中发生的环境污染事故产生直接影响，但是各级地方官员的政绩诉求仍存在某种程度上的一致性。省级官员的政绩诉求动机，在很大程度上决定着其对中央政府政策的贯彻力度，以及其对下级政府（市、县）的监管力度。但尝试手工收集市、县层面的环境污染事故数据深化实证分析，是本书未来的重要研究方向。

上述研究隐含的基本假设是，地方官员的政绩诉求会导致地方政府放松辖区的环境监管和环境约束，进而引发了更多的环境污染事故。一个自然而然的问题便是，地区环境规制水平会受到哪些因素影响？进一步，考察影响地区环境规制的因素，将为我们提供更多的理论支撑和有益的政策借鉴。

正如桑百川所指出的："以利用外资、对外开放促进改革和发展，是中国20多年来取得举世瞩目的经济成就的重要原因，也是中国独特的发展道路。"①在外商投资为中国经济成长带来重要贡献的同时，外商投资的一些负面问题也开始呈现，如偷逃税款，合资方以技术、品牌、设备等投资时高估价格，在技术转移中谨小慎微，向中国转移高污染产业等。诸多文献关注外商直接投资产生的环境效应，却未得到一致结论，本书将进一步考察外商直接投资对地区环境规制的影响。

---

① 桑百川，等. 外商直接投资：中国的实践与论争［M］. 北京：经济管理出版社，2006.

5. 外商直接投资与地区环境规制

5.1 引言

改革开放以来，积极、有效地利用外资成为中国对外开放基本国策的重要内容，根据《中国外商投资报告 2011》提供的数据，中国已经连续 19 年成为吸收外资最多的发展中国家，诸多跨国企业将中国视为投资首选地。截至 2010 年年底，中国累计吸引 FDI 超过 1.12 万亿美元，项目近 72 万家，世界最大的 500 家跨国企业（MNEs）中有超过 450 家已经在中国投资（Yang 等，2013）。图 5.1 给出了 1985—2011 年中国外商直接投资实际利用外资金额和合同利用外资项目数。从实际利用外资金额上看，1986—1991 年实际利用外资金额增长缓慢。从 1992 年开始，实际利用外资金额增长明显，尤其是 2006 年之后，实际利用外资金额增长十分迅速，从 630.21 亿美元增长到 2011 年的 1160.11 亿美元，增长比例为 84.08%。从合同项目数上看，投资项目数呈现出明显的波动趋势，1993 年达到 83 437 个，2004 年达到 43 664 个，随后逐步下降到 2011 年的 27 712 个。

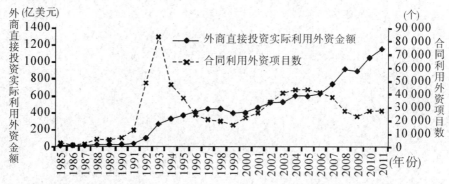

图 5.1　1985—2011 年外商直接投资实际利用外资金额与合同项目数

注：数据来源于中经网统计数据库。

外商直接投资的涌入为中国经济的高速发展提供了强劲动力，FDI 的流入不仅有效缓解了国内经济发展的资金约束，更是通过人力资本外溢效应、技术外溢效应、示范效应、竞争效应等渠道为中国带来了先进的管理经验和生产技术（钟昌标，2010）。与此同时，人们对于外资拥入对地区环境质量的影响给予了强烈关注，2006 年，根据公众与环境研究中心（环境保护非政府组织）对 2004—2006 年间各级环境保护局公布的环境保护违规企业的统计，有 33 家跨国企业位列其中，其中包括 5 家"世界 500 强"企业。2011 年渤海湾漏油事故中，美国康菲公司在查源堵漏工作中的消极表现，更是引发了社会各界对外资企业环境保护双重标准的强烈质疑。

党的十八大报告提出："把生态文明建设放在突出地位，融入经济建设、政治建设、文化建设、社会建设各方面和全过程，努力建设美丽中国，实现中华民族永续发展。"不可否认，随着经济发展和国民收入水平的提高，社会公众对清洁生活环境的期待和诉求远超以往。根据中国公众环境保护指数（2008）所提供的数据，2008 年环境污染问题在"我国公众最关注的社会热点问题"中排名第三，关注比例是 37.7%，至此，环境污染问题已连续三次进入"前三"，成为公众最关心的问题之一。

对于 FDI 流入所产生的环境效应，基于国内数据的实证研究并未得到一致结论。同时他们的研究存在如下亟待完善之处：

（1）已有文献多是关注 FDI 流入对地区环境污染水平的影响，对环境规制的关注不多。降低地区环境污染水平是治污工作的最终目标，而提升环境规制水平是治理污染的必要手段和途径，它反映了地方政府对于环境保护工作的决心和努力程度。同时，地区环境污染水平更容易受到各种非经济因素的影响，地区污染状况的改善也需要长期过程；相比之下，地区环境规制水平取决于地方政府、辖区企业和居民对于环境保护工作的重视程度，从经济学角度考察治理污染的手段和渠道更为必要。

（2）既有的实证分析多是基于省级面板数据展开的，基于城市层面的详尽研究并不多。中国各区域之间经济发展水平、产业结构都存在显著差异，这种差距不仅存在各省份之间也存在于各省份内部。以广东省为例，珠三角地区与其他地区经济发展水平差异明显①。因此，基于城市数据的实证研究，能够

---

① 根据《广东统计年鉴》提供的数据：2011 年，珠三角地区人均 GDP 为 77 637 元，东翼地区为 21 850 元，西翼地区为 27 485 元，山区为 22 205 元。根据世界银行与广东省开展的"缩小广东城乡贫富差距"研究结果，2007 年广东省区域发展差异系数为 0.75，高于全国 0.62 的平均水平，并且已接近国际 0.80 的临界值。

使我们在考虑区域差异的基础上，更详尽地描绘 FDI 对地区环境规制产生的影响。

（3）虽然已有文献关注了 FDI 对于地区环境的影响，但对于影响渠道和机理的分析刻画较少。本书基于实证分析，从官员政绩诉求和技术溢出两个角度出发考察了 FDI 流入对地区环境规制的影响，这为我们寻找发挥 FDI 对于环境治理的积极作用、缓解 FDI 对于环境治理的负面影响的政策机制，提供了有益参考。

本章之后的结构安排如下：第二部分为理论机制分析；第三部分为模型设计、变量定义与描述性统计；第四部分为实证结果分析；第五部分为稳健性检验；第六部分为结论和政策建议。

5.2 理论机制分析

关于 FDI 对环境污染的影响，已有文献的观点也并不一致。一部分学者认为，为了实现企业利润最大化，跨国企业倾向于将污染密集型产业转移到环境规制水平较低的国家或地区以减少污染治理成本（夏友富，1999；List 和 Co，2000；Xing 和 Kolstad，2002）；与此同时，发展中国家政府为了实现经济增长、增加辖区税收和就业也往往放松环境规制水平、降低环境保护标准来吸引外商投资（Ljungwall 和 Linde-Rahr，2005），进而引发环境保护标准"竞争到底"（race to bottom）的现象。即便发展中国家政府有足够的动机去保护环境，它们也缺乏必要的技术手段和资金支持。

其他一些学者则认为，FDI 的流入不会引起东道国环境质量的恶化，而且会显著改善区域环境质量（盛斌和吕越，2012）。这主要是基于以下理由：一是跨国公司进行区位选址以及发达国家进行产业转移时，并非仅考虑环境保护成本因素，当地的制度环境、要素禀赋和价格、基础设施条件以及市场潜力都是跨国企业需要考虑的因素；国际生产综合理论（The Eclectic Theory of International Production）认为，只有企业同时具备所有权优势、内部化优势和区位优势时，才完全具备了对外直接投资的条件（Dunning，1981）。二是与当地企业相比，跨国企业子公司的环境保护表现会受到更多来自于当地政府和非政府组织（NGOs）的外部监督（Prakash 和 Potoski，2007），而发达国家的消费者也将环境保护表现作为供应商选择的依据之一，因此，位于发展中国家的跨国企业会执行统一严格的环境标准来进行"自我规制"（Self-Regulation）

（Christmann 和 Taylor，2001）。三是跨国企业会为东道国带来本国先进的管理经验、环境友好型的生产技术进而减少生产过程中的污染物排放、提高能源使用效率（Drezner，2000；Eskeland 和 Harrison，2003；Liang，2008）；四是 FDI 的流入会带来经济发展与居民收入水平的提高，这将提高当地居民的环境保护意识和诉求，并为环境治理带来更多的资金（Dean，2000）。

格罗斯曼和克鲁格（Grossman and Kruger，1991）将贸易对环境污染的影响机制分为结构效应、规模效应和技术效应三种。自此之后，部分学者在关注贸易开放度对环境政策严格程度影响的同时（Fredriksson，1999；Bommer 和 Schulze，1999；Damania 等，2003），一些文献开始考察外商直接投资对东道国环境规制的影响。科尔等（2006）构造一个包含非完美产品市场竞争在内的政治经济学模型，并假定国内生产者和国外生产者联合贿赂当地政府，以获得更有利的污染税率。他们的模型分析认为，外商直接投资对污染税具有正反两方面的影响："俘获效应"会提高企业对政府的贿赂规模促使政府制定更低的污染税率，而"财富效应"会减少政府为提升消费者剩余而降低污染税率的激励。外商直接投资对环境规制的净效应取决于上述两种的强弱，当地政府的腐败程度较低（高）时，外商直接投资将提高（降低）环境政策的严格程度。

在借鉴已有文献的基础上，本书认为 FDI 至少会通过如下几种途径对中国各地区的环境规制强度产生影响：一是相对于当地企业，发展中国家的外商投资企业会执行统一严格的环境标准（ISO14000 体系）来进行自我规制（Self-Regulation），并通过"外溢效应"促使当地企业提高环境保护标准（Zeng 和 Eastin，2012），这无疑会提升一个地区整体的环境规制强度。二是对外贸易与外商投资是严格规制标准与先进环境保护技术传入中国的"纽带"（Zeng 和 Eastin，2007），外商投资企业相比当地企业具有更先进的治污技术、更有效的环境管理手段。通过东道国企业的"学习模仿效应"，绿色环境保护技术和管理经验将在东道国产生溢出和扩散，进而为地方政府提高环境规制水平提供了"技术上的可能"。三是在跨国企业全球配置资源的情况下，外商投资企业为获得较低的环境遵循成本（Environmental Compliance Costs），可能会通过"俘获效应"促使当地政府降低环境规制水平（科尔等，2006）；而地方政府为了在引资竞争中处于更加有利的地位，不仅会争相降低各自的环境保护标准，也会热衷于基础设施投资，忽视医疗、卫生、教育、环境保护等方面的社会性支出（李永友和沈坤荣，2008）。通过上述分析，本书提出两个相对应的研究假设：

假设1a：外商直接投资将在总体上显著提升地区环境规制强度。

假设1b：外商直接投资将在总体上显著降低地区环境规制强度。

埃斯蒂和格瑞汀（Esty and Geradin，1997）发现，发展中国家存在放松环境规制或降低环境保护标准以吸引更多外资的动机，而中国地方官员所面临的政治激励和财政激励，更会促使地方政府放松环境规制以吸引更多的外商投资。在中国，虽然宽松的环境规制能否带来更多FDI是一个存在争议的话题（He，2006；Dean等，2009；朱平芳等，2011），但一个明显的现象是，在地方层面上，无论是为了本地区利益还是基于政绩考核的需要，各地都尽力吸引并留住外资。

需要指出的是，辖区经济增长绩效不同，决定着地方政府在吸引外商投资时的动机不同。对于经济增长绩效越差的地区，地方政府通过引进FDI以实现经济增长的诉求越强烈，地方政府越容易接纳来自于污染密集型行业的外商投资，对那些严重污染环境的项目会降低准入门槛①。而对于已经落户的外商投资企业，地方政府也更容易被其"俘获"从而实施更加宽松的环境政策，降低对辖区企业的环境规制。正如陶然等（2009）所指出的，随着沿海地区生产要素成本增加和环境规制水平的提升，高污染、高耗能的产业呈现出向内地以及沿海欠发达地区转移的趋势，在很多欠发达地区，招商引资成为地方官员的首要任务。相比之下，在经济增长绩效越好的地区，地方政府更看重FDI的结构和质量，那些高技术含量的环境友好型的外商投资会得到更多的青睐，在引资策略上，它们也倾向于通过软环境建设（如提高行政效率、公共服务水平等）来获取竞争优势。除此之外，这些地方政府会进一步关注除经济增长绩效之外的地区环境质量、居民生活水平等指标，地方政府被外商企业"俘获"的可能性越小。

基于上述分析，在那些经济增长绩效较差的地区，FDI流入对地区环境规制的正向作用越弱。值得注意的是，地区环境规制强度既取决于地方政府对环境质量的重视程度，也取决于辖区企业是否具有实现规制约束的技术水平和能力。盛斌和吕越（2012）指出，FDI对环境污染水平的技术效应，取决于FDI对东道国技术进步与溢出的影响。外资企业会普遍采用更先进的治污技术和更有效的环境管理手段，其"示范效应"将促使绿色环境保护技术与经验得到充分"外溢"。考虑到人力资本越丰富的地区，FDI的技术溢出效应越大（Zhao和Zhang，2010；Lan等，2012），因此，在那些人力资本越丰富的地区，

---

① 丛亚平. 利用外资八思 [J]. 瞭望新闻周刊，2006 (51).

FDI对环境规制的正向促进作用会越强。综上所述，本书将构建实证方程考察FDI对地区环境规制的影响，并对如下两个假设进行检验：

假设2a：在经济增长绩效较好的地区，外商直接投资对环境规制水平的正向作用越强；

假设2b：在人力资本存量越高的地区，外商直接投资对环境规制水平的正向作用越强。

5.3 模型设计、变量定义与描述性统计

5.3.1 模型设计和变量定义

本书设定实证方程如下：

$$er_{it} = \alpha_0 + \alpha_1 dfi_{it} + \beta Control_{it} + \sum_{j=1}^{30} \phi_j Province_j + \sum_{t=1}^{7} \varphi_t Year_t + \varepsilon_{it} \qquad (5.1)$$

方程（5.1）中被解释变量 er 为城市的环境规制水平。对于中国各地区环境规制水平，已有文献较常用的代理变量主要有：工业治污费用的投入比重（张成等，2011；李小平等，2012）、地区排污费征收强度（Ljungwall 和 Linde-Rahr，2005；Dean 等，2009）、污染排放物的处理程度（傅京燕和李丽莎，2010；张中元和赵国庆，2012a、2012b）以及人均收入水平（陆旸，2009）。鉴于城市层面数据的完整性与可得性，笔者选取工业 SO_2 去除率、工业烟尘去除率、工业污水排放达标率来衡量地区环境规制强度[①]。

本书的实证分析部分主要是以工业 SO_2 去除率（er1）作为被解释变量展开，并使用工业烟尘去除率（er2）、工业污水排放达标率（er3）做稳健性检验。这主要是基于如下理由：一是在中国政府制定的环境保护"十一五"、"十二五"规划中，减少二氧化硫排放是重要的政策目标之一。二是中国的能源结构决定了以煤烟型为主的大气污染是环境污染的主要形式与特征。根据《中国能源发展报告》（2012）提供的数据，中国 2011 年煤炭消费 34.25 亿吨，占一次能源消费总量的 68.8%，远远高于世界平均比重。同时，中国二氧化硫

---

① 具体而言，变量 er1 等于工业 SO_2 去除量除以工业 SO_2 去除量与排放量之和；er2 等于工业烟尘去除量除以工业烟尘去除量与排放量之和；er3 等于工业废水排放达标量除以工业废水排放总量。

排放量一直居世界首位，而煤炭燃烧排放的二氧化硫占总排放量的75%①。三是二氧化硫排放除了会带来酸雨污染外，也是形成雾霾天气的重要原因，2013年年初我国中东部出现的持续雾霾天气引发了社会民众对环境污染问题的强烈关注。

解释变量fdi为笔者所关注的外商投资水平，参照梁（Liang，2008）、盛斌和吕越（2012）的研究，本书使用外商投资企业增加值占工业总产值的比重衡量（fdi1）。考虑到来自港澳台地区的投资也能享受外资待遇和优惠政策，本书进一步构造广义外商投资水平，使用港澳台投资企业与外商投资企业增加值之和占工业总产值的比重衡量（fdi2）。为了准确考察FDI对环境规制的影响，笔者在实证方程中加入一系列控制变量Control。主要包括以下几个方面的内容：

（1）工业行业人均资本存量（capital），使用工业行业固定资产净值年平均余额与年平均从业人数之比衡量。一方面，较高的人均资本存量代表地区较高的技术进步和技术水平，这能促使企业采用更加清洁的生产工艺，进而降低污染物的排放水平（许和连和邓玉萍，2012）；另一方面，较高的人均资本存量代表将资本密集型行业所占比重较高，而这些行业的污染物排放和能源消耗往往较多（Lan等，2012）。因此，人均资本存量对地区环境规制可能存在正反两方面的影响。

（2）地区产业结构（structure），使用第二产业增加值占GDP的比重衡量。产业结构的优化升级往往会伴随着第二产业比重的逐步降低、第三产业比重的逐步增加，这将促使经济增长方式由粗放式增长向集约式增长转变，降低地区的能源消耗与污染排放压力。

（3）财政盈余水平（budget），等于地方财政收入与财政支出之差除以地方财政收入。地方政府追求财政收入所形成的财政激励，是决定其对企业污染行为的容忍程度和执法力度的重要因素，财政盈余水平越低，地方政府对辖区企业的环境规制水平越低。

（4）国有经济比重（soe），等于单位从业人员数/（单位从业人员数+私营和个体从业人员数）。一方面，与民营企业相比，国有企业在面对地方环境保护部门时拥有更强的"讨价还价"能力，环境保护部门对国有企业的规制约束和惩罚力度往往更弱（Lan等，2012）；另一方面，国有企业的管理者多由地方政府考核任命，在地方政府对环境保护工作日渐重视的情况下，国有企

---

① http://news.xinhuanet.com/2013-01-28/c_114526469.htm.

业更愿意贯彻落实地方政府的环境保护政策。因此，国有经济比重对地区环境规制的影响也是正反两方面的。

（5）地区人均 GDP 水平，使用 GDP 平减指数调整为以 1978 年为基年的实际值。环境库兹涅茨曲线理论（EKC）认为，经济发展与环境污染之间存在倒"U"形关系。在经济发展的初期，环境污染会随着人均收入水平的提高而增加；当经济发展到一定阶段后，环境污染会随着人均收入水平的提高而减少。参照普拉卡什和波托斯基（Prakash and Potoski，2007）、梁（Liang，2008）、曾和伊斯汀（Zeng and Eastin，2007、2012）等人的实证研究，笔者在方程中加入人均 GDP（gdpper）以及人均 GDP 的平方（gdpper^2）。

此外，回归方程进一步控制省份、年份虚拟变量，以控制不随时间变化的地区因素和年份变化对环境规制强度的影响。

需要指出的是，存在一些不可观测的因素会同时影响地区 FDI 与环境规制水平。例如，那些更具竞争力的地方政府能够吸引更多的外商直接投资并实施更加严格的环境规制政策，但这种竞争力是难以被实证测量的；同时，环境规制强度也将影响到 FDI 的布局，低水平的环境规制能够吸引更多的外商直接投资。上述问题都会引发实证估计的内生性。因此，参照科尔等（2006）、梁（2008）的研究，笔者选取两个变量作为 fdi1、fdi2 的工具变量进行两阶段最小二乘法（2SLS）估计：是否为经济特区或沿海开放城市的二元变量 iscoastal[①]、地区人均固话用户数 phone。这两个因素能显著影响外商投资水平，但与环境规制强度不存在明显关系。

5.3.2 描述性统计

本书所使用的样本数据为 2003—2010 年的城市层面数据（包括地级市、副省级市以及直辖市），数据来源为各年《中国城市统计年鉴》。表 5.1 中给出了主要变量的描述性统计。结果显示：变量 er1、er2、er3 的最大值分别是99.64%、99.86%、100%，最小值分别为 0、0、0.91%。这说明，各城市的环境规制强度存在明显差异。值得注意的是，工业 SO_2 去除率的平均值仅为

---

① 其中，变量 iscoastal 根据以下标准定义：中国政府在 1980 年确定了深圳、厦门、珠海、汕头四个经济特区，并在 1984 年确定了大连、秦皇岛、天津、烟台、青岛、连云港、南通、上海、宁波、温州、福州、广州、湛江、北海等 14 个城市作为首批沿海开放城市，这些城市在吸引外商直接投资方面具备一系列优惠政策与特殊优势。因此，对变量 iscoastal 的定义为：如果所在城市属于上述 18 个城市，iscoastal 赋值为 1；否则，iscoastal 赋值为 0。

32.63%，而工业烟尘去除率、污水排放达标率的平均值达到 89% 以上，这可能是由于 SO$_2$ 的污染治理难度比其他污染物更大，也表明工业 SO$_2$ 去除率存在较大上升空间。可以看出，在样本期内外商投资企业比重的最大值与最小值之间存在显著差异，变量 fdi1、fdi2 的离散系数分别为 1.162、1.045。从模型的控制变量看，各城市的物质资本存量、地区产业结构、财政盈余水平、国有企业比重等指标都存在显著差异。为实证考察 FDI 对各地区环境规制的影响，本章将通过回归方程进行下一步的实证分析。

表 5.1 主要变量描述性统计

变量	样本数	均值	中位数	标准差	最小值	最大值
被解释变量						
er1（%）	2066	32.6313	28.0749	24.2866	0.0000	99.6393
er2（%）	2065	89.8041	96.1727	16.0680	0.0000	99.8643
er3（%）	2065	89.9104	94.6782	13.0990	0.9104	100
解释变量						
fdi1（%）	2066	9.3618	5.1959	10.8811	0.000	77.9946
fdi2（%）	1997	16.2772	9.9372	17.0034	0.000	93.8265
控制变量						
capital（万元/人）	2066	18.9021	14.4663	17.6677	1.3668	379.6534
structure（%）	2066	48.7560	49.0800	10.9414	15.7000	90.9700
budget	2066	−1.5290	−1.1281	1.5121	−17.0250	0.2037
soe（%）	2066	58.7025	59.4556	12.8628	14.1068	94.8625
gdpper（万元）	2066	0.4551	0.3371	0.3581	0.0020	3.2760
工具变量						
iscoastal（二元变量）	2066	0.0649	0	0.2463	0	1
phone（部/人）	2066	0.2905	0.2116	1.2605	0.0375	56.6993

5.4 实证结果分析

本书的实证研究将按照两个步骤展开：首先利用总体样本考察 FDI 对环境规制强度的影响；然后根据地区经济增长绩效、人力资本存量分样本考察 FDI 对环境规制强度的影响。

5.4.1 基本回归结果

表 5.2 分别列示了方程 (5.1) 的普通最小二乘法 (OLS)、两阶段最小二乘法 (2SLS) 的估计结果。首先，笔者关注对工具变量的一系列检验结果 (表 5.2 中的最后三行)：在第一阶段回归中，F 检验的结果显示，两个工具变量在 1% 的水平上联合显著；弱工具变量检验得出的克拉格—唐纳德 (Cragg-Donald Wald) F 值都非常高，这表明不存在弱工具变量；过度识别检验没有拒绝本书使用的两个工具变量是外生的这一原假设。上述结论说明本书所使用的工具变量是有效的。接下来，本书需要对内生变量 (fdi1、fdi2) 进行内生性检验：一是用可能的内生变量 fdi1 (fdi2) 对方程中其他解释变量和工具变量 iscoastal、phone 作回归，得到残差 resid；二是将残差 resid 作为新的解释变量加入原方程中进行重新估计。本书发现残差项 resid 的系数在 1% 的水平上显著 (P 值为 0.003、0.001)，说明 fdi1、fdi2 确实为内生变量。

OLS 估计结果显示，变量 fdi1、fdi2 的系数为负且在 1% 的水平上显著；然而，2SLS 估计结果显示，变量 fdi1、fdi2 的系数为正且在 5% 的水平上显著。上述结果说明，FDI 的增加能够显著提升地区环境规制水平，这证明假设 1a 成立，具体为 fdi1 每增加 1 个标准差 (10.8811)，地区环境规制水平 (er1) 将增加 0.1782 个标准差；fdi2 每增加 1 个标准差 (17.0034)，地区环境规制水平 (er1) 将增加 0.2530 个标准差。这主要是源于：外商投资企业会执行统一严格的环境标准来进行"自我规制"，并通过"外溢效应"促使当地企业提高自身环境保护标准；同时，外商直接投资的增加会促使东道国企业采用更先进的治污技术和更有效的环境管理手段，提升了辖区企业实现规制约束的技术水平和能力，进而带来地区环境规制水平的整体提高。

继续关注表 5.2 中的第 (3) (4) 栏中控制变量的系数符号。变量 capital 的系数为正且至少在 10% 的水平上显著，这说明较高的人均资本存量体现了地区较高的技术水平，企业采取更清洁的生产工艺进而提高生产过程中二氧化硫的去除率。变量 structure 的系数为负且不显著，这表明产业结构的优化升级对地区环境规制水平的影响并不显著。一个可能的解释是，产业结构的优化升级虽能提升整个经济体的环境规制水平，但对于某一特定行业 (如工业) 的影响并不显著。

国有经济的比重 (soe) 对环境规制的影响并不显著，这是由于环境保护部门对国有经济的规制约束虽然较弱，但在国企高管由地方政府考评任命的情况下，国有企业贯彻环境保护政策的动机更为强烈，这两方面的影响相互抵消。相比之下，变量 budget 的系数为负且在 5% 的水平上显著。可见，财政盈余水平越低的地区，环境规制水平越低。这是因为在财政盈余水平越低的地区，地方政府出于增加财政收入的角度，其对企业污染行为的容忍程度更高、执法力度更弱。最后，关注变量 gdpper、gdpper^2 的系数。尽管 OLS 估计结果显示，环境规制水平与人均 GDP 之间存在倒"U"形关系，但在控制了 fdi1、fdi2 内生性之后，2SLS 估计结果显示，地区环境规制与人均 GDP 不存在显著关系，环境污染与人均收入之间的倒"U"形关系在样本期内并不存在。

表 5.2 　　　　　　　　FDI 与环境规制：基于全样本的分析

| 解释变量 | 被解释变量：工业二氧化硫去除率 er1 | | | |
| | OLS 估计 | | 2SLS 估计 | |
	(1)	(2)	(3)	(4)
fdi1	−0.1777 ***		0.3979 **	
	(0.0579)		(0.1959)	
	[−3.0677]		[2.0308]	
fdi2		−0.1532 ***		0.3613 **
		(0.0542)		(0.1592)
		[−2.8283]		[2.2694]
capital	0.0645	0.0999 *	0.0969 *	0.1488 **
	(0.0466)	(0.0551)	(0.0527)	(0.0668)
	[1.3833]	[1.8138]	[1.8382]	[2.2266]
structure	−0.2420 ***	−0.1860 ***	−0.0960	−0.0491
	(0.0616)	(0.0622)	(0.0813)	(0.0780)
	[−3.9271]	[−2.9888]	[−1.1805]	[−0.6289]
budget	1.2031 **	1.1856 **	1.2303 **	1.2403 **
	(0.5048)	(0.5170)	(0.5136)	(0.5361)
	[2.3835]	[2.2933]	[2.3954]	[2.3134]
soe	−0.0463	−0.0527	−0.0498	−0.0530
	(0.0443)	(0.0438)	(0.0447)	(0.0449)
	[−1.0451]	[−1.2027]	[−1.1150]	[−1.1798]
gdpper	21.5779 ***	19.1963 ***	3.8711	−0.4165
	(4.6427)	(4.7321)	(7.2372)	(7.2264)
	[4.6477]	[4.0566]	[0.5349]	[−0.0576]
gdpper^2	−5.1453 ***	−4.5239 **	−0.8943	0.3427
	(1.7552)	(1.7653)	(2.1453)	(2.1724)
	[−2.9314]	[−2.5627]	[−0.4168]	[0.1577]

表5.2(续)

解释变量	被解释变量：工业二氧化硫去除率 er1			
	OLS 估计		2SLS 估计	
	（1）	（2）	（3）	（4）
Province	Yes	Yes	Yes	Yes
Year	Yes	Yes	Yes	Yes
Constant	33. 5134***	33. 8026***	23. 4038***	21. 7581***
	(6. 1441)	(6. 1740)	(7. 2154)	(7. 4134)
	[5. 4545]	[5. 4750]	[3. 2436]	[2. 9350]
N	2066	1997	2066	1997
R^2	0. 2907	0. 3006	0. 2569	0. 2549
F 检验（IV）			0. 000	0. 000
弱工具变量检验			F = 89. 939	F = 81. 827
过度识别检验			P = 0. 213	P = 0. 193

注：*** 、** 、* 分别代表 1%、5%、10% 的显著性水平，小括号中给出了经过 white-robust 调整的稳健标准误，中括号中给出了估计系数的 t 值。

上述分析表明，FDI 对地方环境规制水平的影响为正向的，即外商投资企业比重的提高将显著提高流入地的环境规制水平。在随后的分析中，本书将对 FDI 影响环境规制水平的两种渠道进行验证。

5.4.2 FDI 与环境规制：考虑官员政绩诉求的影响

笔者参照钱先航等（2011）的研究将样本城市分为经济增长绩效较好、经济增长绩效较差两组①，并对方程（5.1）进行分样本估计。为便于比较并控制实证估计中可能存在的内生性，本书选择使用 2SLS 进行实证估计。表5.3 中最后三行的检验结果显示：一是在第一阶段回归中，两个工具变量在 1% 的水平上联合显著；二是弱工具变量检验得出的 Cragg-Donald Wald F 值都非常高，这表明不存在弱工具变量；三是过度识别检验没有拒绝本书使用的两

---

① 具体步骤为：首先将样本城市分为三类，即直辖市、副省级城市和普通城市。对于普通城市，本书将 GDP 增长率与所在省份城市的加权平均值进行比较；对于副省级城市，将 GDP 增长率与全部副省级城市的加权平均值进行比较；对于直辖市，将 GDP 增长率与 4 个直辖市的加权平均值进行比较。计算平均值使用的权重为各城市 GDP 总量，当一个城市 GDP 增长率高于对应加权平均值时，则称该城市为经济增长绩效较好；否则，称为经济增长绩效较差。

表5.3　　　　FDI 与环境规制：考虑官员政绩诉求的影响（2SLS）

解释变量	被解释变量：工业二氧化硫去除率 er1			
	经济增长绩效较差		经济增长绩效较好	
	（1）	（2）	（3）	（4）
fdi1	0.1409		0.6224**	
	(0.2564)		(0.2473)	
	[0.5495]		[2.5165]	
fdi2		0.1262		0.5563***
		(0.1876)		(0.2032)
		[0.6729]		[2.7371]
capital	0.1055*	0.1527*	0.0564	0.0956
	(0.0631)	(0.0837)	(0.0789)	(0.0946)
	[1.6720]	[1.8234]	[0.7151]	[1.0098]
structure	−0.1830*	−0.1402	0.0036	0.0380
	(0.1061)	(0.0983)	(0.1190)	(0.1173)
	[−1.7238]	[−1.4254]	[0.0300]	[0.3237]
budget	1.5464**	1.2893*	1.0129	1.1344
	(0.7060)	(0.7275)	(0.8435)	(0.8609)
	[2.1903]	[1.7721]	[1.2008]	[1.3178]
soe	−0.0453	−0.0705	−0.0825	−0.0846
	(0.0627)	(0.0632)	(0.0665)	(0.0674)
	[−0.7230]	[−1.1140]	[−1.2416]	[−1.2542]
gdpper	11.2701	9.9420	−7.0079	−10.3141
	(10.6139)	(10.3662)	(9.1989)	(8.8395)
	[1.0618]	[0.9591]	[−0.7618]	[−1.1668]
gdpper^2	−2.3412	−1.9421	2.7942	3.6793
	(3.6850)	(3.7120)	(2.6702)	(2.6086)
	[−0.6353]	[−0.5232]	[1.0465]	[1.4105]
Province	Yes	Yes	Yes	Yes
Year	Yes	Yes	Yes	Yes
Constant	26.3580***	26.2866***	19.6537**	16.8113*
	(8.6686)	(8.6344)	(8.8601)	(9.2157)
	[3.0406]	[3.0444]	[2.2182]	[1.8242]

表5.3(续)

解释变量	被解释变量：工业二氧化硫去除率 er1			
	经济增长绩效较差		经济增长绩效较好	
	(1)	(2)	(3)	(4)
N	1106	1071	960	926
R^2	0.3046	0.3105	0.2410	0.2391
F检验（IV）	P=0.000	P=0.000	P=0.000	P=0.000
弱工具变量检验	F=50.700	F=51.902	F=44.435	F=45.630
过度识别检验	P=0.180	P=0.175	P=0.562	P=0.401

注：***、**、*分别代表1%、5%、10%的显著性水平，小括号中给出了经过white-robust调整的稳健标准误，中括号中给出了估计系数的t值。

个工具变量是外生的这一原假设。以上结果说明本书所使用的工具变量是有效的。

表5.3的结果显示，在经济增长绩效较好的地区，fdi1、fdi2的系数为正且在1%的水平上显著（系数为0.6224、0.5563，t值为2.5165、2.7371），而在经济增长绩效较差的地区，变量fdi1、fdi2的系数为正但不显著。具体为在经济增长绩效较好的地区，fdi1每增加1个标准差（10.6738），地区环境规制水平将降低0.175个标准差；而在经济增长绩效较差的地区，fdi1每增加1个标准差（11.1161），地区环境规制水平将增加0.5877个标准差，fdi2每增加1个标准差（17.2028），地区环境规制水平将增加0.8129个标准差。

这一结论印证了本书的假设2a，即在经济增长绩效越好的地区，地方政府的政绩诉求越弱，更加重视外商直接投资的质量与清洁技术含量，地方政府被外商企业"俘获"进而实施更加宽松的环境规制政策的可能性也越低。

本书进一步关注控制变量的系数：总体而言，变量soe的系数依然为负且不显著；人均GDP都没有对地区环境规制的影响不显著。在经济增长绩效较差的地区，变量capital的系数为正且在10%的水平上显著，变量budget的系数为正且至少在10%的水平上显著（系数为1.5464、1.2893，t值为2.1903、1.7721）。这表明人均资本存量的增加、政府盈余水平的提高能够显著提升环境规制水平；相比之下，在经济增长绩效较好的地区，一系列控制变量的系数并不显著，但模型的可决系数（R^2）依然达到0.24左右，这可能源于省份、年份等因素对模型自身的解释力。

5.4.3 FDI 与环境规制：考虑人力资本的影响

本书选取的衡量地区人力资本存量指标为城市每万人口中普通高等学校人数，并分年份将样本城市分为高人力资本、低人力资本两组。表 5.4 中 2SLS的估计结果显示，在人力资本存量较高的地区，变量 fdi1、fdi2 的系数为正且在 1% 的水平上显著（系数为 0.6790、0.6393，t 值为 2.9347、3.0919）；相比之下，在人力资本存量较低的地区，表 5.4 中第（3）（4）列的结果显示，变量 fdi1、fdi2 的系数为负且在 1% 的水平上显著（系数为 −0.8364、−0.5555，t值为 −2.0163、−2.5367）。

这说明，在人力资本存量较高的地区，FDI 能够显著提升一个地区的环境规制水平；在人力资本存量较低的地区，FDI 不仅无法提升地区环境规制水平反而会降低地区环境规制。上述结果的差异证实了假设 2b。结论的差异可能源于，在人力资本越高的地区，FDI 的技术溢出效应越明显，进而导致 FDI 对环境规制的正向作用更强，负向作用更弱。

进一步关注控制变量系数的差异。在人力资本较高的地区，变量 capital 的系数为正且在 1% 的水平上显著（系数为 0.2205、0.2565，t 值为 3.1013、3.8761）；相比之下，在人力资本较低的地区，capital 的系数为正但并不显著。这说明较高的物质技术水平必须与较高的人力资本相结合，才能在提升地区环境规制之时发挥有效的作用。需要指出的是，在人力资本较低的地区，budget的系数为正且在 1% 的水平上显著（系数为 2.0993、2.1686，t 值为 3.4628、3.4845），而在人力资本存量较高的地区，budget 的系数并不显著。可见，在人力资本较低的地区，政府财政激励发挥的作用更加显著。

表 5.4　　　　FDI 与环境规制：考虑人力资本的影响（2SLS）

解释变量	被解释变量：工业二氧化硫去除率 er2	
	人力资本存量较高	人力资本存量较低
fdi1	0.6790 ***	−0.8364 **
	(0.2314)	(0.4148)
	[2.9347]	[−2.0163]
fdi2	0.6393 ***	−0.5555 **
	(0.2067)	(0.2190)
	[3.0919]	[−2.5367]

表5.4(续)

解释变量	被解释变量：工业二氧化硫去除率 er2			
	人力资本存量较高		人力资本存量较低	
capital	0.2205 ***	0.2565 ***	0.0430	0.0766
	(0.0711)	(0.0662)	(0.0595)	(0.0679)
	[3.1013]	[3.8761]	[0.7222]	[1.1289]
structure	0.0808	0.1077	−0.3313 ***	−0.1640
	(0.1194)	(0.1205)	(0.1113)	(0.0998)
	[0.6769]	[0.8936]	[−2.9769]	[−1.6436]
budget	0.1217	−0.2330	2.0993 ***	2.1686 ***
	(0.6663)	(0.6938)	(0.6063)	(0.6224)
	[0.1826]	[−0.3358]	[3.4628]	[3.4845]
soe	−0.1014	−0.0689	−0.0510	−0.0407
	(0.0664)	(0.0646)	(0.0587)	(0.0575)
	[−1.5275]	[−1.0667]	[−0.8691]	[−0.7069]
gdpper	−5.2400	−7.5931	28.3630 **	18.0509
	(10.0097)	(9.7499)	(12.6720)	(11.1926)
	[−0.5235]	[−0.7788]	[2.2383]	[1.6128]
gdpper^2	2.1806	3.1128	−7.9770 **	−5.2634
	(3.2407)	(3.2414)	(3.8138)	(3.3066)
	[0.6729]	[0.9603]	[−2.0916]	[−1.5918]
Province	Yes	Yes	Yes	Yes
Year	Yes	Yes	Yes	Yes
Constant	15.6086 *	7.9429	7.1692	26.2087 ***
	(8.9396)	(10.0495)	(4.3867)	(7.8408)
	[1.7460]	[0.7904]	[1.6343]	[3.3426]
N	965	944	1101	1053
R^2	0.3069	0.3247	0.3062	0.3274
F 检验（IV）	P = 0.000	P = 0.000	P = 0.000	P = 0.000
弱工具变量检验	F = 53.664	F = 49.643	F = 27.024	F = 35.262
过度识别检验	P = 0.290	P = 0.265	P = 0.924	P = 0.948

注：***、**、* 分别代表1%、5%、10%的显著性水平，小括号中给出了经过 white-robust 调整的稳健标准误，中括号中给出了估计系数的 t 值。

5.5 稳健性检验

基于城市层面数据的实证分析说明，FDI 总体上提升了流入地的环境规制水平；相比而言，在那些经济增长绩效越好、人力资本存量越丰富的地区，FDI 对地区环境规制的正向作用越明显。为了进一步检验所得结论的稳健性，本书进行如下稳健性检验：

5.5.1 稳健性检验一：变换环境规制强度的衡量指标

考虑到工业烟尘也是一种重要的大气污染物，本书进一步将工业烟尘去除率作为被解释变量，重复本书之前的研究，回归结果列示在表5.5、表5.6 中。表5.5 的结果表明，无论是全样本估计还是分样本估计，fdi1、fdi2 的系数都在1%的水平上显著为正。这说明，FDI 流入都能显著提升地区环境规制强度。表5.6 中给出了按照人力资本存量进行分样本估计的结果。在人力资本存量较高的地区，变量 fdi1、fdi2 的系数为正且在1%的水平上显著；相比之下，在人力资本存量较低的地区，变量 fdi1、fdi2 的系数为正但不显著①。这与使用 er1 作为被解释变量时的结果基本一致。上述结论上的差异表明，在人力资本较高的地区，外商直接投资能够对提升地区环境规制水平发挥更加积极的作用。

表 5.5   稳健性检验（一）

解释变量	被解释变量：工业烟尘去除率 er2					
	全样本估计		经济增长绩效较差		经济增长绩效较好	
	2SLS	2SLS	2SLS	2SLS	2SLS	2SLS
fdi1	0.5313***		0.7556***		0.3263***	
	(0.1054)		(0.1707)		(0.1258)	
	[5.0421]		[4.4267]		[2.5930]	
fdi2		0.4456***		0.5426***		0.3539***
		(0.0837)		(0.1201)		(0.1015)
		[5.3246]		[4.5166]		[3.4854]

---

① 需要指出的是，在表5.6 中的第（3）（4）列进行的 2SLS 估计中，同时使用 iscoastal、phone 作为工具变量会带来过度识别问题。鉴于此，本书仅使用 phone 作为该部分估计的工具变量。

表5.5(续)

解释变量	被解释变量：工业烟尘去除率 er2					
	全样本估计		经济增长绩效较差		经济增长绩效较好	
	2SLS	2SLS	2SLS	2SLS	2SLS	2SLS
capital	0.0454*	0.0799**	0.0609	0.0860*	0.0222	0.0700**
	(0.0252)	(0.0311)	(0.0426)	(0.0512)	(0.0331)	(0.0329)
	[1.7972]	[2.5669]	[1.4310]	[1.6811]	[0.6690]	[2.1267]
structure	0.2568***	0.2470***	0.3500***	0.3018***	0.1209*	0.1757**
	(0.0524)	(0.0487)	(0.0761)	(0.0687)	(0.0727)	(0.0709)
	[4.8955]	[5.0717]	[4.6015]	[4.3953]	[1.6629]	[2.4777]
budget	0.5741*	0.5924*	1.3913***	1.1750**	0.2754	0.3564
	(0.3019)	(0.3105)	(0.4805)	(0.5069)	(0.2546)	(0.2884)
	[1.9018]	[1.9074]	[2.8957]	[2.3181]	[1.0816]	[1.2359]
soe	0.0945***	0.1179***	0.0807*	0.1228***	0.0956*	0.0855*
	(0.0339)	(0.0329)	(0.0478)	(0.0446)	(0.0498)	(0.0503)
	[2.7912]	[3.5835]	[1.6865]	[2.7560]	[1.9191]	[1.6994]
gdpper	2.7367	0.5664	−4.5795	−2.1858	8.5543	2.9235
	(4.8470)	(4.5806)	(6.6030)	(6.1920)	(5.9306)	(5.4030)
	[0.5646]	[0.1237]	[−0.6935]	[−0.3530]	[1.4424]	[0.5411]
gdpper^2	−3.8329**	−2.9737*	−3.7571*	−3.6882*	−4.2484*	−2.8511
	(1.9099)	(1.7794)	(2.2796)	(2.2399)	(2.4063)	(2.2208)
	[−2.0069]	[−1.6712]	[−1.6482]	[−1.6466]	[−1.7656]	[−1.2838]
Province	Yes	Yes	Yes	Yes	Yes	Yes
Year	Yes	Yes	Yes	Yes	Yes	Yes
Constant	56.9399***	54.1932***	53.5408***	50.3785***	72.3883***	70.2870***
	(7.4592)	(7.5569)	(8.0382)	(7.9284)	(5.5608)	(5.7963)
	[7.6335]	[7.1714]	[6.6608]	[6.3542]	[13.0176]	[12.1261]
N	2107	2034	1130	1095	977	939
R^2	0.1812	0.1680	0.1969	0.1872	0.1656	0.1532
F检验(IV)	P = 0.000	P = 0.000	P = 0.000	P = 0.000	P = 0.000	P = 0.000
弱工具检验	F = 88.141	F = 80.656	F = 47.374	F = 49.262	F = 45.634	F = 46.396
过度识别检验	P = 0.803	P = 0.961	P = 0.335	P = 0.395	P = 0.231	P = 0.213

注：***、**、*分别代表1%、5%、10%的显著性水平，小括号中给出了经过 white-robust 调整的稳健标准误，中括号中给出了估计系数的 t 值。

除此之外，笔者使用工业污水排放达标率（er3）衡量环境规制强度。结果显示，FDI 能在总体上显著提升环境规制强度。同时，在经济增长绩效较好的地区，FDI 对环境规制强度的正向作用更强，而按照人力资本存量的分样本估计中，FDI 对地区环境规制强度并未产生显著影响。

综合上述结果不难发现，如果官员政绩诉求影响的是政府实行环境规制的"主观意愿"，地区人力资本存量影响的是政府实行环境规制的"客观能力"，那么，FDI 对于不同城市工业烟尘去除率影响的差异，更多的源于政府实现环境规制的"客观能力"，即不同地区对于 FDI 清洁生产技术的消化吸收能力；相比之下，FDI 对于不同城市工业污水达标率影响的差异，更多的源于地方政府提高环境规制强度的"主观意愿"。

表 5.6　　　　　　　　　　稳健性检验（二）

解释变量	被解释变量：工业烟尘去除率 er2			
	人力资本存量较高		人力资本存量较低	
	2SLS	2SLS	2SLS	2SLS
fdi1	0.3137***		0.3099	
	(0.0683)		(0.3571)	
	[4.5900]		[0.8678]	
fdi2		0.2908***		0.1650
		(0.0639)		(0.1997)
		[4.5510]		[0.8261]
capital	0.0703**	0.1004***	0.0218	0.0554*
	(0.0337)	(0.0274)	(0.0273)	(0.0336)
	[2.0868]	[3.6705]	[0.7995]	[1.6516]
structure	0.2028***	0.1961***	0.1644*	0.1740**
	(0.0466)	(0.0477)	(0.0913)	(0.0808)
	[4.3516]	[4.1098]	[1.8018]	[2.1522]
budget	0.1011	0.0510	0.9617**	1.2351***
	(0.1702)	(0.1626)	(0.4675)	(0.4765)
	[0.5940]	[0.3139]	[2.0569]	[2.5918]
soe	0.0591	0.0777*	0.1260**	0.1561***
	(0.0410)	(0.0399)	(0.0533)	(0.0519)
	[1.4423]	[1.9497]	[2.3648]	[3.0054]
gdpper	6.9183	5.8622	4.8667	0.7360
	(4.9492)	(5.0616)	(8.9139)	(7.2910)
	[1.3979]	[1.1582]	[0.5460]	[0.1010]

表5.6(续)

解释变量	被解释变量：工业烟尘去除率 er2			
	人力资本存量较高		人力资本存量较低	
	2SLS	2SLS	2SLS	2SLS
gdpper^2	−5.1091**	−4.6692**	−2.9557	−1.7513
	(2.0014)	(2.0540)	(2.5623)	(2.0971)
	[−2.5527]	[−2.2732]	[−1.1535]	[−0.8351]
	Yes	Yes	Yes	Yes
	Yes	Yes	Yes	Yes
Constant	66.6583***	63.2387***	70.7372***	71.8424***
	(7.6840)	(7.8184)	(7.1002)	(5.9454)
	[8.6749]	[8.0885]	[9.9627]	[12.0836]
N	982	960	1125	1074
R^2	0.2349	0.2357	0.2121	0.2137
F 检验（IV）	P=0.000	P=0.000	P=0.000	P=0.000
弱工具变量检验	F=51.212	F=47.990	F=47.772	F=63.861
过度识别检验	P=0.487	P=0.533		

注：***、**、*分别代表1%、5%、10%的显著性水平，小括号中给出了经过 white-robust 调整的稳健标准误，中括号中给出了估计系数的 t 值。

5.5.2　稳健性检验二：剔除直辖市的影响

考虑到中国四个直辖市（北京、上海、天津、重庆）的数据也包含在研究样本中，而直辖市无论是在经济发展水平还是经济政策优惠上，都是其他城市（副省级城市、地级城市）所不能比的。因此，笔者进一步利用剔除四个直辖市的城市数据重复前文的分析，本书所得的结论依然未发生显著变化。

5.6　小结

环境规制水平在一定程度上体现着地方政府对于辖区污染治理工作的决心与努力程度，严格的环境规制对于污染排放的减少和环境质量的改善必不可少。该部分使用2003—2010年中国城市层面的数据，在使用工业二氧化硫去除率、工业烟尘去除率两项指标衡量地区环境规制的基础上，考察了 FDI 对于地区环境规制的影响，并对 FDI 影响地区环境规制的两种渠道做出验证。在利用两阶段最小二乘法（2SLS）控制了主要解释变量的内生性之后，书中主要结论通过了相关的稳健性检验。本书得到如下几点结论和启示：

（1）总体上看，外商直接投资能够显著提升地区环境规制水平，因此基于城市面板数据的经验证据并不支持外商直接投资的"污染天堂假说"。同时，工业行业人均资本存量、地区财政盈余水平对环境规制水平存在显著的正向影响。这说明，提高工业行业技术水平、提升地方政府的财政盈余程度能起到提升环境规制水平、改善环境质量的积极效果。不能否认 FDI 流入对提升环境规制水平的整体积极作用，也不能排除在一些地区的外商投资为降低环境遵循成本而"俘获"地方政府的现象，更不能排除某些地方政府为实现辖区 GDP 增长、税收增加而降低环境规制水平，并向外商投资企业提供环境政策优惠的行为。

（2）通过对 FDI 影响环境规制的机制和渠道进行分析，本书发现，在经济增长绩效较差的地区，FDI 对地区环境规制的正向作用越弱。这一发现进一步证实，在经济绩效越差的地区，地方官员为谋求 GDP 增长、税收和就业增加的政绩诉求便越强。一方面，在引进外资的质量和结构上，地方政府容易接纳来自于污染密集型行业的资本转移，为污染密集型企业的进入提供税收政策和环境保护政策上的优惠；另一方面，地方政府对 FDI 引入和竞争会导致财政支出结构的偏误，对于基础设施方面的财政投入会显著增加而医疗、教育、环境保护等民生方面的投入会存在不足。因此，进一步弱化经济增长绩效在地方官员政绩考核体系中的作用，对于加强环境保护工作无疑具有重要作用，这也与近年来官员绩效考核体制改革的趋势相一致。

（3）本书进一步发现在人力资本较丰富的地区，FDI 流入对提升地区环境规制的积极作用越明显。这说明，FDI 带来的技术溢出效应是 FDI 能够提升环境规制水平的重要原因，与国内企业相比，外商投资企业会采用更加清洁的生产技术水平和更有效的环境管理手段，并且推动先进生产技术在辖区内的扩散，这将为地方政府加强地区环境规制提供了更多的可能和余地。可见，提升引进外资的质量，鼓励更多环境友好型外商投资的进入，对于转变中国现阶段的节能减排工作无疑具有重要意义。同时，提高地区人力资本水平才能够增加地区对于 FDI 技术的消化吸收能力，进而发挥 FDI 流入对于改善地区环境治理的积极有效作用。这印证了人力资本积累方面的投资对于实现经济的可持续发展具有重要作用（Costantiti 和 Monni，2008）。

需要指出的是，近年来，政府越来越多地通过法律法规的修订和落实来加强环境保护方面的工作，因此，法律法规的多寡和实施力度也能在一定程度上体现地区环境规制的强弱。尝试通过手工搜集各个城市所颁布的环境保护方面的法律法规数量，并以此作为地区环境规制水平的衡量，将是本书进一步的研究方向。

　　本部分的分析证明了官员政绩诉求、外商直接投资等因素对于地区环境规制所产生的影响，那么严格的环境规制能为我们带来有益的经济结果吗？对于上述问题的回答，既能说明提升地区环境规制水平的重要性和必要性，也为能否实现经济发展和环境保护的"双赢"提供理论检验。因此，本书下一章将以经典的"波特假说"为理论切入点，利用微观企业调查数据，实证检验环境规制对企业生产效率的影响。

6. 地区环境规制与企业生产效率

6.1　引言

近年来，中国面对日益严峻的环境保护形势。根据《中国环境经济核算研究报告 2010》（公众版）提供的数据，2010 年中国生态环境退化成本达到 15 389.5 亿元，占当年 GDP 的 3.5%；与此同时，中国政府也将加强环境保护工作作为践行科学发展观的重要内容。《国家环境保护"十二五"规划》对"十二五"期间环境保护工作的基本原则、主要目标与政策措施做出了详细规定，强调对地方政府执行规划的情况进行终期评估和考核，并将评估和考核结果作为地方政府政绩考核的重要内容。正如金碚（2010）所指出的："加强政府的资源环境管制并提高管制有效性，仍然是现阶段中国工业化进程中的一个极为重要的问题，甚至是一个十分沉重的问题。"①

实施严格的环境规制政策对于环境质量的持续改善固然重要，然而令人担忧的问题是，严格的环境规制是否给企业带来额外成本进而拖累中国整体经济效益？经典的"波特假说"（Porter hypothesis）认为，严格而合理的环境规制能够激励企业进行产品创新和生产过程创新，最终带来企业生产效率和竞争力的提高（Porter 和 van der Linde，1995）。从文献研究上看，对上述问题的回答存在争议。支持"波特假说"（伯尔曼和布伊，2001；Murty 和 Kumar，2003；解垩，2008；张成等，2010；李树和陈刚，2013）与反对"波特假说"（Gray，1987；Gollop 和 Robert，1983；Barbera 和 McConnell，1990）的文献都给出了各自的经验证据。显而易见，如果严格的环境规制能够带来企业生产率的提升，那么我们无疑能够收获环境质量改善和经济效益提升的"双赢"（win-

---

① 金碚，等. 资源环境管制与工业竞争力 [M]. 北京：经济管理出版社，2010：21.

win）；与之相反，如果能够证明严格的环境规制将损害企业生产效率，我们就需要在环境保护与经济效益之间做出艰难取舍和选择。

在借鉴已有文献的基础上，本书将利用世界银行 2005 年在中国 120 个城市的企业调查数据，对"波特假说"在中国是否成立做出微观层面的实证检验。需要指出的是，在中国这样的转型国家，政治关联①对于企业尤其是民营企业的经营发展发挥着至关重要的作用（罗党论和唐清泉，2009）。在中国环境规制政策存在较大弹性的情况下，政治关联不仅会影响环境规制政策的实施力度，也会影响企业在面对规制政策时的经营策略选择。那么，政治关联对企业生产效率的总体影响如何？环境规制强度对企业生产效率的效应是否会受到政治关联强弱的影响？

与已有文献相比，本章可能的贡献有如下两点：一是国内文献对于"波特假说"的实证检验多是基于地区或行业数据展开，本书利用世界银行的企业调查数据为"波特假说"提供了微观证据。结果表明，当期环境规制强度与企业生产效率显著负相关，而滞后一期的环境规制强度与企业生产效率显著正相关，这证实了环境规制政策对生产效率的正面效应要滞后于负面效应。进一步地，本书区分区域、所有制形式对环境规制强度与生产效率的关系做出深入考察，这为我们"因地制宜"地制定环境规制政策提供了有益借鉴。二是已有研究对于政治关联的研究多是基于上市公司数据展开，本书利用世界银行调查数据中丰富的企业政治关联信息，不仅检验了政治关联对生产效率的直接影响，而且综合考察了环境规制强度、政治关联对生产效率的交互影响。研究发现，较强的政治关联将显著减弱环境规制强度对企业生产效率的影响，这不仅丰富了相关领域的研究文献，也证明中国环境规制政策在执行过程中存在较大弹性。

---

① 在已有文献中，政治关联也被称为政治联系或政治关系。较为常见的衡量方式是，当公司高管有政府工作经历，或者任职（现任或曾任）各级人大代表、政协委员时，该公司便被视为存在政治关联。

6.2 理论机制分析

6.2.1 环境规制强度与企业生产效率

围绕环境规制强度与企业生产效率之间的关系，诸多学者进行了富有成效的分析探讨。较早基于美国企业数据的研究表明，严格的环境规制政策将显著降低企业生产效率（Gollop 和 Robert，1983；Gray，1987；Barbera 和 McConnell，1990；Gray 和 Shadbegian，1995）。相比之下，自从"波特假说"提出之后，越来越多的实证研究表明，环境规制强度与企业生产效率之间存在显著的正向关系。无论是基于美国洛杉矶石油炼油厂（伯尔曼和布伊，2001）、印度水污染行业（Murty 和 Kumar，2003）、挪威污染密集型行业（行勒和拉尔森，2007）的经验研究，还是对日本、加拿大魁北克地区制造业数据（Hamamoto，2006；拉诺伊等，2008）的实证检验，都无一例外地证明了加强环境规制对于提升企业生产效率的积极作用。

考察环境规制政策对于企业生产效率的影响，对于中国学者而言也是一个热门话题。由于微观企业数据的缺乏，不少国内文献以地区或行业层面数据为样本，在运用数据包络分析（DEA）的 Malmquist 生产率指数测量全要素生产率增长及其成分的基础上，展开相关研究（解垩，2008；陈诗一，2010；张成等，2010、2011；李树和陈刚，2013）。令人欣慰的是，多数实证研究都在不同程度上支持"波特假说"，即严格的环境规制将带来地区（行业）生产效率增长。值得注意的是，张三峰和卜茂亮（2011）基于中国 12 个城市 1268 家企业的调查数据发现，环境规制及其强度与企业生产率之间存在着显著的正向关系，这为"波特假说"提供了微观数据的检验。在上述研究的基础上，本书将基于 2005 年世界银行在 120 个城市的企业调查数据和城市层面数据，对"波特假说"成立与否做出实证检验，并区分样本企业的区域与所有制形式做出深入考察。

6.2.2 政治关联与企业生产效率

已有实证文献多是重点关注政治关联对企业研发（R&D）投资的影响，对于政治关联对企业生产效率的影响尚缺乏系统研究。杜兴强等（2012）基于上市公司的实证研究发现，政治关联对企业研发投资具有显著的挤出效应，而且这种挤出效应在国有上市公司更加显著。陈爽英等（2010）的研究也证明，政治关联会对民营企业研发投资产生显著消极影响；贺小刚等（2013）通过对民营上市公司和国有上市公司的比较研究发现，民营企业的政治关联引致了破坏性生产活动（如寻租、关联交易）但遏制了其创造性生产活动（如研发、技术创新），而国有企业政治关联带来的影响正好相反。除此之外，江雅雯等（2012）基于世界银行企业调查数据却发现，政治关联能够显著提升民营企业参与研发的积极性，这种效应在市场化程度越低的地区更加明显。

在中国这样的转型国家，政治关联对于企业尤其是民营企业的经营发展发挥着至关重要的作用。作为一种普遍存在的社会现象，政治关联对企业的公司治理机制、所获取政策资源与最终经营业绩产生的影响受到了诸多学者的普遍关注（Fan 等，2006；Li 等，2007；余明桂和潘红波，2008；于蔚等，2012）。一方面，较强的政治关联将会增加企业因寻租活动而造成的非生产性支出，导致过多资源配置于非生产性领域，挤占了企业在能力建设上的资源投入。同时，政治关联带来的丰厚政策资源弱化了企业的预算软约束和市场竞争压力，降低企业进行生产创新和能力建设的积极性（陈爽英等，2010；杨其静，2011）。另一方面，政治关联所带来的诸如银行贷款、政府补贴等政策资源将为企业的创新活动提供更多的资金支持。特别是对于民营企业而言，政治关联在带来丰富政策资源的同时，也为企业提供产权尤其是知识产权上的法律保护，进而减少不健全的制度环境对生产创新活动所造成的障碍。综上所述，政治关联对企业生产效率的影响可能是正负两方面的，其实际影响有待于本书实证检验。

6.2.3　环境规制强度、政治关联对企业生产效率的交互作用

总体而言，政治关联首先会影响到环境规制政策在不同企业之间的实施力度，而在面对相同的环境规制政策时，政治关联也会影响到企业经营策略的选择。这主要体现在如下几个方面：一是为了获得更加有利的环境政策，企业会通过寻租活动"俘获"地方官员（Fredriksson 等，2003），而政治关联的存在不仅能有效化解企业可能面临的政策风险，也为企业的寻租活动提供了一定程度上的"便利"。冯天丽和井润田（2009）、陈（Chen）等（2011）的研究就指出，在那些市场化程度越低、寻租空间越大的地区，企业建立政治关联的可能性越大。二是由于中国书面法律执行的整体低效率（Allen 等，2005），中国

地区环境规制政策在执行过程中存在较大弹性，这为政治关联发挥作用提供了充足空间。以较为成熟的污水排放收费制度为例，中国采用的是排污企业主动报告排污数量，地方环境保护部门进行随机核查的模式。水污染物排放标准虽然由中央和地方政府联合规定，地方环境保护部门往往难以完全实施既定的环境规制政策，并与排污企业协商其所应缴纳的排污费（Dean 等，2009）；在中国现行的环境管理体系下，存在着"企业宁可缴纳排污费，也不降低排污水平"的现象，企业也将通过比较排污增加所带来的成本与收益来确定最优排污水平，这将造成规制政策对企业污染行为的软约束（Lin，2013）。三是近年来，环境质量指标逐步成为影响官员政治升迁的重要因素，来自中央政府和辖区公众的压力将地方政府在环境污染治理上付出更多努力（Zheng 等，2013）。地方政府会通过影响企业日常经营活动以促使其承担和履行相应的政府功能和社会功能（Fan 等，2007），政治关联越强的企业，越可能会努力地执行政府实施的环境规制政策。基于上述分析，本书将进一步考察环境规制与政治关联对企业生产效率的交互影响。

6.3　模型设计、变量定义和数据说明

6.3.1　模型设计和变量定义

6.3.1.1　被解释变量：企业生产效率

本书使用方程（6.1）计算企业层面的全要素生产率（tfp）。其中，Y 代表企业经营总收入，等于核心业务收入与其他业务收入之和；K 代表企业固定资产净额，L 代表企业员工总数，M 代表企业原材料投入，变量 industry 代表企业所处二级行业。本书将企业投入产出变量进行对数化处理，对方程（6.1）进行 OLS 估计得出的残差便是企业的全要素生产率①。

$$\ln Y_i = \alpha_0 + \alpha_1 \ln K_i + \alpha_2 \ln L_i + \alpha_3 \ln M_i + \sum \varphi_j industry_j + \sigma_i \qquad (6.1)$$

6.3.1.2　解释变量：企业政治关联

已有的实证研究多通过手工搜集公司高管的身份背景信息，使用虚拟变量

①　本书曾尝试使用随机前沿分析（SFA）计算企业生产效率，然而，对于 sigma_u（即技术非效率）的 LR 检验没有拒绝原假设，这表明估计残差中不包含技术非效率，故无需使用 SFA 方法。

法来描述公司的政治关联①；相比之下，本书的研究样本中包含了丰富的企业政治关联信息。参照王永进和盛丹（2012）的研究，本书选取四个分项指标衡量政治关联（connection）：税务、公安、环境以及劳动与社会保障四个重要部门的官员中，能够帮助企业发展的官员所占的比例，并分别使用四个变量help_tax、help_sec、help_env、help_soc 表示。

值得一提的是，政治关联的强弱往往是内生的，生产效率的高低决定着企业建立政治关联的意愿。经营效率较高的优质企业更易建立起政治关联。政治关联被视为反映企业未来经营表现的一种重要声誉机制（孙铮等，2005）；同时，由于政治关联能够帮助企业获得优惠的生产要素和资源，那些生产效率较低的企业会更倾向于构建政治关联，以支撑企业的正常经营发展，因此，实证方程（6.3）中的被解释变量企业生产效率将对政治关联产生影响。此外，还可能存在一些不可观测的因素同时影响政治关联和企业生产效率。严重的内生性会降低估计结果的可靠性，而解决内生性的有效方法是为内生变量寻找工具变量（IV）。本书采用n-1变量作为工具变量，即本市其他企业政治关联变量的平均值作为政治关联的工具变量。例如，help_tax 的工具变量按如下原则构造。其中，企业 i 所处的城市为 m，企业 j 为城市 m 中的样本企业，N_m 表示企业 i 所在城市 m 的样本企业数目：

$$help\_taxiv_i = \sum_{j \neq i} help\_tax_{jm} / (N_m - 1) \tag{6.2}$$

6.3.1.3 解释变量：环境规制强度

笔者借鉴方程（6.3）考察城市环境规制对企业生产率的影响，解释变量为企业所在城市的环境规制水平。在基于省级层面数据的实证分析中，已有文献多使用单位工业增加值污染物排放量、环境污染治理投资占 GDP 的比重两种指标衡量。值得注意的是，污染物排放密度体现的是环境规制产生的结果；相比而言，治污投资比重不仅体现了地方政府的治污决心和努力，也体现了辖区企业的环境治理成本。因此，本书选取污染源治理投资额与城市环境设施投资额之和衡量地区环境污染治理投资总额，其中，污染源治理投资额包括工业污染源治理投资和"三同时"项目环境保护投资两部分。考虑到不同城市之间的经济规模存在较大差异，本书使用环境治污投资占地区 GDP 的比重来衡量环境规制水平。

需要指出的是，地方政府在制定政策措施、实施法律法规时，往往广泛听

---

① 一种比较常见的衡量方式是，当公司高管有政府工作经历或者任职（现任或曾任）各级人大代表、政协委员时，该公司便被视为存在政治关联。

取辖区企业的建议，充分考虑辖区企业的生产率高低和实际承受能力。总体上看，企业生产率也会对地区环境规制水平产生影响。企业生产率与地区环境规制之间相互影响可能会给实证方程的估计带来内生性问题，但是由于单个企业的生产率不会对城市层面的政府决策产生显著影响，因此实证估计过程中的内生性问题并不明显。为了估计结果的准确，本书使用上一期的环境规制（regu03）作为解释变量。同时，根据波特假说，当期环境规制水平提升会增加企业当期在污染治理方面的支出进而减少生产性资本的投入，但将在未来促使企业进行技术革新进而提升企业生产率，笔者进一步加入当期环境规制水平（regu04）以更准确地描述企业做出的动态决策过程。本书预测变量 regu04 的系数为负，变量 regu03 的系数为正。

$$tfp_i = \beta_0 + \beta_1 regu03_c + \beta_2 regu04_c + \beta_3 connection_i + \gamma control_i + \mu_i \qquad (6.3)$$

6.3.1.4　方程控制变量

借鉴李春顶（2010）、蔡（Cai）等（2011）、张杰等（2011）的研究，本书需要进一步控制如下因素：

（1）上一期研发支出（rd），等于企业 2003 年研发支出与固定资产净值之比。研发支出不仅会受到地区环境规制的影响，也会对企业生产率产生影响，控制研发支出能避免遗漏变量所带来的内生性问题。

（2）人力资本存量（human），等于具有高中及以上学历员工的比重。较高的人力资本往往体现了企业较高的经营管理水平和生产技术水平，进而带来更高的企业生产率，因此变量 human 的系数符号估计为正。

（3）是否为出口企业（export）。当企业有产品出口到国外（包括港澳台地区）时，取值为 1；否则，取值为 0。出口与企业生产率之间的相互关系存在争议："自我选择效应"理论认为，由于国外市场存在较高的进入壁垒和营销成本，只有生产率较高的企业才能进入出口市场获取利润；而"出口学习效应"理论则认为，企业在出口时能够从竞争者那里获得新技术、新经验，从而提高了企业生产率（张杰等，2009）。可见，上述两种理论的分歧在于出口与企业生产率之间孰为因孰为果；然而，无论两者相互关系如何，变量 tfp 与 export 之间都存在显著的正向关系。

（4）企业所有权性质（foreign、private）。对于外商投资企业，foreign 取值为 1，否则，取值为 0；对于非国有企业，private 取值为 1，否则，取值为 0。一般而言，相对于国有企业，非国有企业和外商投资企业具有更高的生产率，因此，笔者预测非国有企业和外商投资企业的生产效率较高，变量 private、foreign 的系数符号为正。

此外，本书还需要进一步控制企业年龄（age）、企业规模（size）以及所在地区的经济发展水平（gdpper）。其中，企业规模使用员工总人数的自然对数衡量，而经济发展水平使用企业所在地区 2004 年的人均 GDP 衡量。

6.3.2 样本来源和数据说明

本书的研究样本来源于 2005 年世界银行对中国 120 个城市所作的投资环境调查（Investment Climate Survey），该调查包含 12 400 家制造业企业 2004 年经营业绩、公司治理结构与政治关联等方面的信息。调查的城市分布于除西藏地区之外的所有省份，每个省份的省会城市包括在内。其中，四个直辖市（北京、天津、上海、重庆）各抽查 200 家企业，其余城市各抽查 100 家企业。在被调查的企业中，国有控股企业占到 8%，外资企业占到 28%，非国有企业占到 64%。考虑到部分企业的产出投入信息存在缺失，本书在估算企业生产效率时实际用到的样本数为 12 280 家，考察到样本中存在的异常值会对估计结果带来偏误，本书对连续变量（如 human、private 等）前后各 1% 进行了 Winsorize 缩尾处理。

表 6.1 给出了书中主要变量的描述性统计。在调查所涉及的 120 个城市中，2003 年环境规制水平最低的城市为周口市（0.0150%），最高的城市为秦皇岛市（7.1317%）；2004 年人均 GDP 水平最高的城市为东莞市（7.1997 万元），最低的城市为天水市（0.3619 万元）。进一步关注企业层面的数据，变量 rd、human、export、age 的最大值和最小值均存在较大差异，离散系数也较高（分别为 3.083、0.555、1.920、1.024）。这说明不同企业之间的研发强度、人力资本、出口比重与成立年限均存在显著差异。变量 export 的均值为 0.377，这说明有 37.7% 的样本企业为出口企业；除此之外，四个企业政治关联分项指标也存在明显差异，最大值达到 100%，而最小值为 0。

表 6.1 主要变量描述性统计

变量	样本数	均值	中位数	标准差	最小值	最大值
tfp	12 280	0	−0.096	0.737	−4.452	5.656
regu03（%）	12 280	2.164	1.919	1.333	0.015	7.132
regu04（%）	12 280	2.376	2.031	1.952	0.086	19.734
rd（%）	12 280	5.234	0.124	16.112	0.000	117.766
human（%）	12 280	49.708	50	27.590	3	100

表6.1(续)

变量	样本数	均值	中位数	标准差	最小值	最大值
export	12 280	0. 377	0	0. 485	0	1
foreign	12 280	0. 138	0	0. 345	0	1
private	12 280	0. 644	1	0. 479	0	1
age（年）	12 280	12. 566	8	12. 871	2	57
size（对数）	12 280	5. 622	5. 561	1. 479	1. 792	13. 502
gdpper（万）	12 280	1. 971	1. 539	1. 418	0. 362	7. 200
企业的政治关联（%）						
help_tax	11 842	42. 563	30	38. 921	0	100
help_sec	11 267	38. 492	20	39. 411	0	100
help_env	11 444	39. 356	20	39. 291	0	100
help_soc	11 601	40. 544	25	39. 562	0	100

注：在下文的回归中，为了调整解释变量的估计系数，本书将（6.1）式得出的企业生产率 tfp 乘以 100，这不会改变所估系数的符号和显著性。

6.4 实证结果分析

6.4.1 基本估计结果

表6.2 给出了方程（6.3）的 OLS 估计结果。结果显示，变量 help_tax、help_soc 的系数为负，变量 help_sec、help_env 的系数为正，但四个政治关联的系数都不显著。变量 regu04、regu03 的系数分别为负向显著和正向显著。这说明当期环境规制将显著降低企业生产效率，而上一期环境规制将显著提升企业生产效率，这与"波特假说"的预期一致。当期环境规制水平的提升会增加企业污染治理支出，减少企业对生产性资本的投入，但从企业的动态决策过程看，严格的环境规制会促使企业革新生产技术、降低生产费用从而提升企业生产率水平。

进一步关注控制变量的估计系数：变量 rd 的系数为正且在 1% 的水平上显著。可见，研发强度的增加是显著提升企业生产效率的有效途径之一。变量 human 的系数为正且在 1% 的水平上显著，这是因为人力资源存量越丰富的企业，往往具有越高的管理水平和先进的生产技术，生产效率也更高。变量

表 6.2 环境规制、分项政治关联指标对企业生产率的影响（OLS）

解释变量	被解释变量：全要素生产率 TFP			
	（1）	（2）	（3）	（4）
regu03	3.792 ***	3.617 ***	3.727 ***	3.691 ***
	（1.010）	（1.035）	（1.017）	（1.008）
	[3.754]	[3.495]	[3.665]	[3.663]
regu04	−1.929 ***	−1.982 ***	−1.990 ***	−1.994 ***
	（0.548）	（0.495）	（0.494）	（0.503）
	[−3.516]	[−4.001]	[−4.033]	[−3.966]
help_tax	−0.003			
	（0.025）			
	[−0.122]			
help_sec		0.000		
		（0.025）		
		[0.015]		
help_env			0.009	
			（0.025）	
			[0.362]	
help_soc				−0.001
				（0.024）
				[−0.027]
rd	0.546 ***	0.548 ***	0.544 ***	0.544 ***
	（0.055）	（0.059）	（0.058）	（0.056）
	[10.002]	[9.353]	[9.317]	[9.716]
human	0.254 ***	0.248 ***	0.250 ***	0.257 ***
	（0.031）	（0.031）	（0.031）	（0.031）
	[8.196]	[7.869]	[7.967]	[8.158]
export	3.960 **	3.729 *	3.723 *	3.928 **
	（1.937）	（1.940）	（1.910）	（1.929）
	[2.045]	[1.923]	[1.949]	[2.037]
foreign	13.952 ***	14.433 ***	14.049 ***	13.919 ***
	（3.796）	（3.963）	（3.880）	（3.795）
	[3.675]	[3.642]	[3.621]	[3.668]

表6.2(续)

解释变量	被解释变量：全要素生产率 TFP			
	(1)	(2)	(3)	(4)
private	9. 264 ***	9. 176 ***	9. 148 ***	9. 355 ***
	(2. 193)	(2. 264)	(2. 221)	(2. 212)
	[4. 224]	[4. 054]	[4. 118]	[4. 228]
age	−0. 057 ***	−0. 055 ***	−0. 054 ***	−0. 056 ***
	(0. 018)	(0. 018)	(0. 017)	(0. 018)
	[−3. 121]	[−3. 114]	[−3. 112]	[−3. 141]
size	−2. 517 ***	−2. 459 ***	−2. 530 ***	−2. 532 ***
	(0. 746)	(0. 752)	(0. 736)	(0. 741)
	[−3. 372]	[−3. 270]	[−3. 435]	[−3. 419]
gdpper	5. 765 ***	5. 935 ***	6. 054 ***	5. 854 ***
	(1. 449)	(1. 505)	(1. 469)	(1. 461)
	[3. 980]	[3. 943]	[4. 122]	[4. 007]
Constant	−24. 836 ***	−24. 922 ***	−25. 174 ***	−24. 702 ***
	(5. 845)	(6. 063)	(5. 958)	(5. 902)
	[−4. 249]	[−4. 111]	[−4. 225]	[−4. 186]
N	11842	11267	11444	11601
R^2	0.059	0.058	0.058	0.059
识别不足检验				
弱工具变量检验				

注：*** 、** 、* 分别代表1%、5%、10%的显著性水平，小括号中给出了基于城市层面进行聚类（Cluster）调整的稳健标准误，中括号给出的为估计系数的 t 值。

export 的系数为正且至少在10%的水平上显著，即出口企业具有比内销企业更高的生产效率，这与张礼卿和孙俊新（2010）、余淼杰（2010）的发现相一致。变量 foreign、private 的系数为正且在1%的水平上显著。这表明与国有企业相比，外资投资企业与非国有企业具有更高的企业生产效率，这与张三峰和卜茂亮（2011）的实证结果一致。变量 age、size 的系数为负且在1%的水平上显著。这是因为，那些成立年限越短、规模越小的企业具有更大的成长空间和发展潜力，其生产效率也更高，这与 Cai 等（2011）的发现相一致。最后，笔者发现变量 gdpper 的系数为正且在1%的水平上显著。这可能源于经济发展水平较高的地区具有良好的制度环境和较高的市场化程度，而地区市场化进程将促进企业生产效率的提升（张杰等，2011）。

表6.3给出了对方程（6.3）进行两阶段最小二乘法（2SLS）估计的结果。本书首先进行内生性检验：首先，使用可能的内生变量（分项政治关联变量）作为被解释变量对模型中其他解释变量和工具变量进行 OLS 回归得到残差 resid；其次，将残差 resid 作为解释变量加入原方程中进行 OLS 回归，如果 resid 的系数显著，则证明内生变量的确存在。

表6.3　环境规制、分项政治关联指标对企业生产率的影响（2SLS）

解释变量	被解释变量：企业生产率 TFP			
	(1)	(2)	(3)	(4)
regu03	3.860 ***	3.647 ***	3.843 ***	3.722 ***
	(0.610)	(0.608)	(0.614)	(0.601)
	[6.325]	[5.996]	[6.256]	[6.197]
regu04	−2.989 ***	−2.933 ***	−2.921 ***	−2.918 ***
	(0.412)	(0.411)	(0.412)	(0.408)
	[−7.256]	[−7.129]	[−7.087]	[−7.144]
help_tax	−0.583 ***			
	(0.050)			
	[−11.684]			
help_sec		−0.508 ***		
		(0.049)		
		[−10.297]		
help_env			−0.509 ***	
			(0.048)	
			[−10.691]	
help_soc				−0.534 ***
				(0.048)
				[−11.066]
rd	0.555 ***	0.552 ***	0.535 ***	0.537 ***
	(0.049)	(0.051)	(0.051)	(0.050)
	[11.292]	[10.758]	[10.463]	[10.718]
human	0.252 ***	0.250 ***	0.248 ***	0.262 ***
	(0.026)	(0.027)	(0.027)	(0.027)
	[9.552]	[9.313]	[9.268]	[9.891]

表6.3(续)

解释变量	被解释变量：企业生产率 TFP			
	(1)	(2)	(3)	(4)
export	5. 806 ***	5. 205 ***	5. 045 ***	5. 351 ***
	(1. 663)	(1. 675)	(1. 661)	(1. 664)
	[3. 491]	[3. 108]	[3. 036]	[3. 216]
foreign	16. 139 ***	16. 160 ***	15. 863 ***	14. 779 ***
	(2. 561)	(2. 604)	(2. 577)	(2. 552)
	[6. 302]	[6. 205]	[6. 156]	[5. 792]
private	11. 011 ***	10. 537 ***	10. 745 ***	10. 121 ***
	(1. 797)	(1. 819)	(1. 792)	(1. 782)
	[6. 128]	[5. 792]	[5. 997]	[5. 679]
age	−0. 069 ***	−0. 068 ***	−0. 066 ***	−0. 066 ***
	(0. 020)	(0. 019)	(0. 018)	(0. 018)
	[−3. 460]	[−3. 675]	[−3. 720]	[−3. 721]
size	−1. 904 ***	−1. 591 ***	−1. 562 ***	−1. 543 ***
	(0. 534)	(0. 547)	(0. 541)	(0. 540)
	[−3. 564]	[−2. 909]	[−2. 887]	[−2. 860]
gdpper	5. 151 ***	5. 459 ***	5. 523 ***	5. 516 ***
	(0. 590)	(0. 601)	(0. 598)	(0. 590)
	[8. 725]	[9. 088]	[9. 230]	[9. 343]
Constant	−1. 961	−8. 818 **	−8. 707 **	−7. 129 *
	(4. 228)	(4. 110)	(4. 038)	(4. 073)
	[−0. 464]	[−2. 146]	[−2. 156]	[−1. 750]
N	11842	11267	11444	11601
R^2	−0. 034	−0. 015	−0. 017	−0. 022
识别不足检验	1049. 459 (0. 000)	948. 287 (0. 000)	1026. 531 (0. 000)	1029. 649 (0. 000)
弱工具变量检验	1542. 508	1517. 104	1638. 990	1589. 791

注：*** 、** 、* 分别代表1%、5%、10%的显著性水平，小括号中给出了经 white-robust 调整标准误，识别不足检验给出的是 Kleibergen-Paap LM 值和相应的 p 值，弱工具变量检验给出的是 Cragg-Donald Wald F 值，下同。

经检验，变量 help_tax、help_sec、help_env 和 help_soc 确为内生变量。进一步地，识别不足检验拒绝了工具变量是内生的这一原假设，弱工具变量检验没有拒绝工具变量与内生解释变量之间强相关这一原假设。因此，本书所选取的工具变量是有效的，笔者将采纳 2SLS 估计的结果。与 OLS 估计结果相比，2SLS 估计结果显示，四个政治关联变量的系数显著为负且在 1% 的水平上显著，由此可见，较强的政治关联显著损害了企业生产效率。产生这一结果的原因在于，政治关联虽然会为企业带来优惠的外部资源，但这种便利将会干扰和削弱企业在核心能力建设方面的努力，而且伴随政治关联的寻租活动会导致有限的企业资源过多地配置在非生产领域，上述因素都将损害企业的生产效率。此外，表 6.3 中其他解释变量的系数符号和统计显著性，与表 6.2 的结果相比未发生实质性变化。

6.4.2 地区环境规制、企业政治关联对生产效率的交互影响

上述实证结果表明，环境规制与政治关联是影响企业生产效率的重要因素。然而，政治关联的强弱会对环境规制政策的约束力度产生影响。对于政治关联较强的企业，地方政府执行环境政策的弹性越大，企业既可能借助良好的政企关系有效规避地方政府对企业的环境保护约束和监管，也可能因为良好的政治关联而加强对环境保护政策的执行力度，以满足地方政府污染治理的诉求和努力。

为了进一步考察环境规制与政治关联对于企业生产效率的交互影响，采取主成分分析法（PCA）提取了四个分项政治关联变量 help_tax、help_sec、help_env、help_soc 的主成分，并构造了变量 political 来综合反映企业政治关联的强弱。普通最小二乘法的估计结果显示，变量 political 的系数为正但并不显著，而两阶段最小二乘法的估计结果显示①，变量 political 的系数为负但依然不显著，因此，企业总体政治关联并没有对企业生产效率产生显著影响。在控制了变量 political 可能存在的内生性之后，表 6.4 中的第（4）列的结果显示，交叉项 political×regu03、political×regu04 的系数分别在 10% 的水平上负向显著、在 1% 的水平上正向显著。

以上结果表明，较强的政治关联在降低当期环境规制对企业生产效率的负面作用的同时，也降低了上一期环境规制对于企业生产效率的正面作用。这主要源于：在中国环境规制政策存在较大弹性的情况下，较强的政治关联可能会弱化环境规制政策对于企业经营活动的约束力度，进而减少了企业当期环境遵循成本；从动态决策过程看，政治关联可能会导致企业产生对优惠生产要素和

---

① 变量 political 的工具变量依然采用前述的 n−1 变量方法构造。

政策资源的过度依赖，降低企业在核心能力建设与提升生产效率方面的努力。进一步地，与表6.2结果相比，表6.4中的其他解释变量的系数符号和统计显著性并未发生显著变化，本书不再赘述。

表6.4　环境规制、分项政治关联指标对企业生产率的交互影响

解释变量	被解释变量：企业生产效率 tfp			
	（1）	（2）	（3）	（4）
	OLS	2SLS	OLS	2SLS
political	0.123	−0.625	−0.086	−3.416 ***
	(0.503)	(0.711)	(0.979)	(1.301)
	[0.244]	[−0.879]	[−0.087]	[−2.626]
political×regu03			−0.393	−1.121 *
			(0.353)	(0.611)
			[−1.113]	[−1.834]
political×regu04			0.476	2.637 ***
			(0.375)	(0.807)
			[1.267]	[3.266]
regu03	3.722 ***	3.728 ***	3.518 ***	2.379 ***
	(1.021)	(0.591)	(1.047)	(0.754)
	[3.647]	[6.307]	[3.359]	[3.156]
regu04	−1.989 ***	−2.059 ***	−1.453 *	1.077
	(0.483)	(0.407)	(0.796)	(1.146)
	[−4.121]	[−5.054]	[−1.824]	[0.940]
rd	0.551 ***	0.551 ***	0.549 ***	0.544 ***
	(0.060)	(0.051)	(0.060)	(0.051)
	[9.139]	[10.708]	[9.137]	[10.572]
human	0.246 ***	0.246 ***	0.244 ***	0.237 ***
	(0.032)	(0.026)	(0.032)	(0.026)
	[7.771]	[9.398]	[7.700]	[8.982]
export	3.483 *	3.584 **	3.409 *	3.167 *
	(1.969)	(1.619)	(1.962)	(1.623)
	[1.769]	[2.213]	[1.737]	[1.951]
foreign	14.429 ***	14.550 ***	14.304 ***	13.581 ***
	(3.974)	(2.513)	(3.977)	(2.542)
	[3.631]	[5.790]	[3.597]	[5.343]

表6.4(续)

解释变量	被解释变量：企业生产效率 tfp			
	(1)	(2)	(3)	(4)
	OLS	2SLS	OLS	2SLS
private	9.292 ***	9.389 ***	9.191 ***	8.875 ***
	(2.271)	(1.757)	(2.288)	(1.774)
	[4.092]	[5.343]	[4.017]	[5.002]
age	−0.054 ***	−0.055 ***	−0.054 ***	−0.054 ***
	(0.017)	(0.017)	(0.017)	(0.017)
	[−3.114]	[−3.185]	[−3.106]	[−3.172]
size	−2.474 ***	−2.413 ***	−2.490 ***	−2.554 ***
	(0.756)	(0.530)	(0.758)	(0.534)
	[−3.274]	[−4.552]	[−3.283]	[−4.787]
gdpper	6.060 ***	6.025 ***	5.951 ***	5.462 ***
	(1.494)	(0.584)	(1.484)	(0.613)
	[4.055]	[10.322]	[4.010]	[8.910]
Constant	−24.993 ***	−25.230 ***	−25.208 ***	−25.897 ***
	(5.961)	(3.613)	(5.963)	(3.653)
	[−4.193]	[−6.982]	[−4.227]	[−7.088]
N	11090	11090	11090	11090
R^2	0.058	0.058	0.059	0.053
识别不足检验		1675.800		79.727
		(0.000)		(0.000)
弱工具变量检验		3271.869		525.556

注：*** 、** 、 * 分别代表1%、5%、10%的显著性水平，最小二乘估计法（OLS）的小括号中给出了基于城市层面进行 Cluster 调整的稳健标准误，两阶段最小二乘法（2SLS）的小括号中给出了经 white-robust 调整标准误，中括号给出的为估计系数的 t 值。

6.4.3 稳健性检验

6.4.3.1 考察东、中、西部地区的差异

考虑到中国不同区域之间的经济发展水平存在显著差异，本书将分别检验"波特假说"在东、中、西部地区是否成立。表6.5各栏给出了对方程（6.3）进行分地区估计的结果。首先关注变量 political 的系数，在东部和中部地区，

political 的系数为负但并不显著，而在西部地区，political 的系数为正且在 10%
的水平上显著。可见，政治关联在西部地区能够显著改善企业生产效率，这可
能是源于西部地区的市场化程度较低，政治关联在帮助企业获取优惠的生产要
素和资源时能发挥更加有效的作用。在东部地区，变量 regu03 的系数为正且
在 1% 的水平上显著，而在中西部地区，变量 regu03 的系数并不显著。与此同
时，在西部地区，变量 regu04 的系数为负且在 5% 的水平上显著，而中东部地
区，变量 regu04 的系数并不显著。这一结果表明，当期环境规制能够显著降低西
部地区的企业生产率，而上一期的环境规制能够显著提升东部地区企业生产率。

环境规制在不同地区的影响差异可能源于：东部地区的企业能够承担环境
规制带来的额外成本，并通过"创新补偿"效应提升自身的生产率水平，而
在西部地区，环境规制带来的成本增加，会损害企业当期生产效率且没有产生
"创新补偿"效应，这可能源于不同地区制度环境与企业自身技术创新能力的
差异。在方程其他解释变量中，rd、human、foreign、size、gdpper 的系数符号
和统计显著性与表 6.2 中的结果基本一致。不同之处在于，分地区的实证回归
中变量 export 的系数并不显著。可见，企业出口与生产效率之间的正向关系主
要源于不同区域之间（而非区域内部）的对比上。

表 6.5　地区环境规制与企业生产率：东、中、西部地区的比较（2SLS）

解释变量	被解释变量：企业生产效率 tfp		
	（1）	（2）	（3）
	东部地区	中部地区	西部地区
political	−0.543	−1.213	5.967*
	(1.134)	(1.078)	(3.497)
	[−0.479]	[−1.125]	[1.706]
regu03	2.906***	−0.155	1.270
	(0.946)	(1.578)	(1.655)
	[3.072]	[−0.098]	[0.767]
regu04	−1.403	0.308	−1.140**
	(1.294)	(2.011)	(0.529)
	[−1.084]	[0.153]	[−2.156]
rd	0.527***	0.658***	0.421***
	(0.070)	(0.096)	(0.094)
	[7.526]	[6.867]	[4.455]

表6.5(续)

解释变量	被解释变量：企业生产效率 tfp		
	(1)	(2)	(3)
	东部地区	中部地区	西部地区
human	0.315***	0.249***	0.113*
	(0.037)	(0.047)	(0.061)
	[8.485]	[5.316]	[1.863]
export	2.333	-0.450	6.501
	(2.263)	(2.814)	(4.110)
	[1.031]	[-0.160]	[1.582]
foreign	10.315***	30.544***	15.698*
	(3.229)	(5.503)	(8.663)
	[3.195]	[5.550]	[1.812]
private	11.537***	9.325***	-1.983
	(2.633)	(3.076)	(3.900)
	[4.381]	[3.031]	[-0.508]
age	-0.040***	-0.095	-0.462***
	(0.014)	(0.061)	(0.119)
	[-2.911]	[-1.565]	[-3.889]
size	-1.583**	-2.769***	-2.776**
	(0.745)	(0.965)	(1.324)
	[-2.124]	[-2.870]	[-2.096]
gdpper	3.995***	7.442***	17.788***
	(0.752)	(1.875)	(4.049)
	[5.310]	[3.970]	[4.393]
Constant	-23.810***	-27.899***	-12.830
	(5.392)	(6.747)	(9.125)
	[-4.416]	[-4.135]	[-1.406]
N	5684	3469	1937
R^2	0.049	0.047	0.027
识别不足检验	641.424 (0.000)	855.617 (0.000)	125.460 (0.000)
弱工具变量检验	1287.927	1409.521	180.086

注：*** 、** 、* 分别代表1%、5%、10%的显著性水平，小括号中给出了经过 white-robust 调整的稳健标准误，中括号给出的为估计系数的 t 值。

6.4.3.2 不同所有权的影响

外商投资企业和内资企业对环境规制强度的敏感性会存在差异。一方面，外商投资企业对当地经济的贡献程度远远超过内资企业，地方政府热衷于通过放松进入门槛和环境管制来吸引外资企业，从而导致外资企业对环境管制强度不如内资企业敏感；另一方面，由于外商企业规模较大以及政府对外资企业掌握的信息不完全，外商投资企业会面临更频繁的环境保护审查和监管。因此，与内资企业相比，外资企业对环境规制可能会更加敏感（王芳芳和郝前进，2011）。

进一步，对于内资企业而言，国有企业和非国有企业对环境规制强度的敏感性可能存在不同。一方面，与非国有企业以利润导向不同，国有企业会充分考虑环境污染对社会福利产生的影响，并努力将环境保护成本内部化（Wang和 Jin，2007），这将导致国有企业对环境规制强度更加敏感；另一方面，国有企业与地方政府之间存在紧密的联系，一些国有企业高管拥有比当地环境保护部门官员更高的政治身份，国有企业在接受环境管制之时拥有更强的"讨价还价"能力（Wang 等，2003），这导致国有企业对地区环境规制不敏感。

基于上述分析，本书将区分企业所有权对"波特假说"是否成立做出实证检验。样本企业一共分成五种类型，具体分布如表 6.6 所示。尽管笔者在实证方程中加入了二元虚拟变量 foreign、private 以描述国有企业、外商企业与非国有企业在生产效率方面的不同，但仍需关注方程（6.3）中解释变量和控制变量的估计系数在不同所有制类型的企业中，是否存在系统性差异。为此，本书将样本企业分成三类进行实证估计：①国有企业和集体企业，简称国有企业，占样本总数的 21.80%；②外商投资企业，占样本总数的 14.37%；③非国有企业，包括股份制企业、私营企业，占样本总数的 63.82%。

表 6.6　　　　　　　　　　　不同所有制类型的企业分布

所有权类型	企业数目（家）	所占百分比（%）
国有企业	1650	13.44
集体企业	1027	8.36
股份制企业	3235	26.34
私营企业	4603	37.48
外商投资企业	1765	14.37
总计	12 280	100

表 6.7 给出了对方程（6.3）的分样本估计结果。首先关注变量 political 的系数。结果显示，在国有企业样本中，变量 political 的系数为正且不显著，在外商企业样本中，变量 political 的系数为负且在 5% 的水平上显著，而在非国有企业中，变量 political 的系数虽不显著但依然为负。上述结果说明，政治关联对国有企业生产效率的影响为正但不显著，而较强的政治关联会在一定程度上损害外商企业和非国有企业的生产效率。与国有企业相比，民营企业在构建政治关联的动机、成本与稳定性等方面存在显著差异，民营企业的政治关联导致了破坏性生产活动（如研究开发、技术创新等），但遏制了其创造性生产活动（如寻租、关联交易等），而国有企业政治关联遏制了破坏性生产活动并促进了其创造性生产活动（贺小刚等，2013），这在一定程度上解释了政治关联对不同所有制企业生产效率的影响差异。

进一步关注环境规制对不同所有制企业的影响。在国有企业样本中，regu03 的系数为正但不显著；在外商投资企业和非国有企业样本中，regu03 的系数为正且在 1% 的水平上显著。可见，上一期环境规制水平的提升更能带来外商投资企业生产率的显著上升。继续关注变量 regu04 的系数，在国有企业和外商企业中，regu04 的系数为负但不显著，而在非国有企业中，regu04 的系数为负且在 1% 的水平上显著。

上述结果说明，环境规制对不同所有制企业的影响存在差异。总体而言，"波特假说"在外商投资企业、非国有企业中最为显著，在国有企业中并不成立。这一差异可能是，国有企业与地方政府之间具有天然的良好关系，政府官员会从国有企业的持续经营中获得政治上、经济上的收益，在面对环境保护当局严格的环境管制时，国有企业具有更强的"讨价还价"能力，进而导致其对环境规制强度不敏感。相比之下，外商投资企业会面对更多更严格的来自环境监管部门的审查和监管，非国有企业与地方环境保护部门的"讨价还价"能力较弱，它们对地区环境规制的强度更加敏感，因而更有动机通过生产技术革新与生产效率提升来应对治污成本的增加。

进一步关注表 6.7 中其他解释变量的系数符号与显著性。结果表明，变量 rd、human 和 gdpper 的系数符号为正且在 1% 的水平上显著，这与表 6.2 中的结果一致。值得注意的是，在国有企业样本中，变量 export 的系数为正且在 1% 的水平上显著。在外商企业中，变量 export 的系数为负且不显著，而在非国有企业中，变量 export 的系数为正且不显著。由此可见，国有企业中出口企业的生产效率要明显高于内销企业生产效率。而在外商企业和非国有企业中，企业出口与生产效率之间不存在显著关系。产生差异的可能原因在于，在外商投资企业和非国有企业中，存在着大量以加工贸易为主的企业，这些企业拉低了出口企业总体的生产效率均值水平（李春顶，2010）。

表 6.7　地区环境规制与企业生产率：不同所有制企业的比较（2SLS）

解释变量	被解释变量：企业生产效率 tfp		
	国有企业	外商投资企业	非国有企业
	(1)	(2)	(3)
political	0.869	−4.922 **	−0.562
	(1.614)	(2.183)	(0.844)
	[0.538]	[−2.255]	[−0.666]
regu03	1.398	7.052 ***	3.012 ***
	(1.323)	(1.860)	(0.734)
	[1.057]	[3.792]	[4.102]
regu04	−1.083	−2.911	−1.902 ***
	(0.831)	(2.267)	(0.471)
	[−1.304]	[−1.284]	[−4.037]
rd	0.700 ***	0.501 ***	0.532 ***
	(0.126)	(0.097)	(0.066)
	[5.550]	[5.181]	[8.069]
human	0.197 ***	0.523 ***	0.167 ***
	(0.062)	(0.062)	(0.033)
	[3.189]	[8.418]	[5.111]
export	13.518 ***	−7.282	2.091
	(3.611)	(4.452)	(1.980)
	[3.744]	[−1.636]	[1.056]
age	−0.107	0.103	−0.038 ***
	(0.090)	(0.300)	(0.012)
	[−1.186]	[0.344]	[−3.233]
size	−2.861 **	−7.365 ***	−0.987
	(1.179)	(1.492)	(0.656)
	[−2.426]	[−4.938]	[−1.504]
gdpper	10.463 ***	3.784 ***	6.425 ***
	(1.433)	(1.239)	(0.792)
	[7.299]	[3.054]	[8.117]
Constant	−27.416 ***	12.266	−19.051 ***
	(7.325)	(10.312)	(3.701)
	[−3.743]	[1.189]	[−5.148]

解释变量	被解释变量：企业生产效率 tfp		
	国有企业 （1）	外商投资企业 （2）	非国有企业 （3）
N	2437	1449	7204
R^2	0.072	0.104	0.039
识别不足检验	356.242 （0.000）	138.797 （0.000）	1166.179 （0.000）
弱工具变量检验	693.913	252.328	2333.556

注：***、**、*分别代表1%、5%、10%的显著性水平，小括号中给出了经过 white-robust 调整的稳健标准误，中括号给出的为估计系数的 t 值。

6.4.3.3 不同污染密集度行业的影响

已有文献表明，地区环境规制对不同污染密集程度的企业所产生的影响存在明显差异（Dean 等，2009；沈能，2012），在政府部门加强环境保护工作，污染密集型行业往往是重点的环境管制对象。例如，中国在推进节能减排工作过程中，就突出强调了对钢铁、有色金属、化工、建材等高耗能、高排放的重点行业的政策执行和部门监管。由此可见，污染密集度不同的行业，地区环境规制对企业生产率的影响会存在明显差异。

调查数据提供了样本企业的二级行业分类，如表 6.8 所示。参照李树和陈刚（2013）的研究，本书分别根据三种污染物污水、废气、固体废弃物区分污染密集型行业和非污染密集型行业。具体方法为：本书首先计算整个工业行业 2004 年单位销售收入的废气（废水、固体废弃物）排放量。当二级行业 2004 年单位销售收入的废气（废水、固体废弃物）排放量大于工业行业均值时，则将该二级行业界定为空气污染（水污染、固体废弃物污染）密集型行业。

由于样本企业不包含部分二级工业行业，而这些二级行业可能是污染密集型行业，因此，本书界定的污染密集型行业明显少于非污染密集型行业。其中，空气污染密集型行业为石油加工及炼焦业、化学原料及化学制品制造业、非金属矿物制品业、黑色金属冶炼及压延加工业、有色金属冶炼及压延加工业 5 个二级行业。水污染密集型行业为农副食品加工业、食品制造业、饮料制造业、纺织制造业、造纸及纸制品业、化学原料及化学制品制造业、医药制造业、化学纤维制造业、黑色金属冶炼及压延加工业 9 个二级行业。固体废弃物污染密集型行业为造纸及纸制品业、化学纤维制造业、非金属矿物制品业、黑色金属冶炼及压延加工业、有色金融冶炼及压延加工业 5 个二级行业。

为便于比较研究，如果二级行业同时属于空气污染密集型、水污染密集型和固体废弃物污染密集型，或者同时属于两类污染物污染密集型，则被视为严重污染行业；如果二级行业仅属于一类污染物污染密集型，则被视为中度污染行业；如果二级行业不属于污染密集型，则被视为轻度污染行业①。

表6.8　　　　　　　　样本企业行业分布和污染密集型行业分布

行业名称/二级行业代码	企业数目（家）	所占比重（%）	空气污染	水污染	固体废物污染
农副食品加工业（13）	959	7.810	No	Yes	No
食品制造业（14）	239	1.950	No	Yes	No
饮料制造业（15）	177	1.440	No	Yes	No
烟草制品业（16）	45	0.370	No	No	No
纺织制造业（17）	943	7.680	No	Yes	No
服装鞋帽制造业（18）	202	1.640	No	No	No
皮革及其制品业（19）	137	1.120	No	No	No
木材加工制品业（20）	141	1.150	No	No	No
家具制造业（21）	55	0.450	No	No	No
造纸及纸制品业（22）	234	1.910	No	Yes	Yes
印刷业和记录媒介的复制业（23）	62	0.500	No	No	No
文教体育用品业（24）	41	0.330	No	No	No
石油加工及炼焦业（25）	181	1.470	Yes	No	No
化学原料及化学制品制造业（26）	1423	11.590	Yes	Yes	No
医药制造业（27）	424	3.450	No	Yes	No
化学纤维制造业（28）	47	0.380	No	No	Yes
橡胶制品业（29）	21	0.170	No	No	No
塑料制品业（30）	325	2.650	No	No	No
非金属矿物制品业（31）	1291	10.510	Yes	No	Yes
黑色金属冶炼及压延加工业（32）	486	3.960	Yes	Yes	Yes
有色金属冶炼及压延加工业（33）	344	2.800	Yes	Yes	Yes
金属制品业（34）	360	2.930	No	No	No
通用机械制造业（35）	1071	8.720	No	No	No

① 本书对严重污染行业、一般污染行业和非污染行业的区分是基于相对排放标准的。

表6.8(续)

行业名称/二级行业代码	企业数目（家）	所占比重（%）	空气污染	水污染	固体废物污染
专业设备制造业（36）	483	3.930	No	No	No
交通运输设备制造业（37）	975	7.940	No	No	No
电器机械及器材制造业（39）	857	6.980	No	No	No
电子及通讯设备制造业（40）	587	4.780	No	No	No
仪器仪表及文化、办公机械制造业（41）	59	0.480	No	No	No
工艺品及其他制造业（42）	108	0.880	No	No	No
再生材料加工业（43）	3	0.020	No	No	No
总计	12 280	100			

注：Yes 表示属于污染密集型行业，No 表示不属于污染密集型行业。

表6.9 报告了对严重污染行业、中度污染行业、轻度污染行业的估计结果。在严重污染行业中，变量 political 的系数为正且不显著，在一般污染行业，变量 political 的系数为负且在10%的水平上显著；而在非污染行业，变量 political 的系数虽不显著但依然为负。可见，政治关联会在一定程度上降低中度污染和轻度污染行业的生产效率。

本书继续关注变量 regu03、regu04 的系数。在严重污染行业中，regu03 的系数为正且在10%的水平上显著；在中度污染行业中，regu03 的系数为正且在1%的水平上显著；在轻度污染行业中，regu03 的系数为正且在1%的水平上显著。尽管系数显著性存在差异，但总体上看，无论所在行业的污染密集度如何，上一期环境规制都能显著提升企业生产效率。同时，相关结果显示，在严重污染行业，变量 regu04 的系数为负但并不显著；而在中度污染行业和轻度污染行业，变量 regu04 的系数为负且在1%的水平上显著。由此可见，尽管严重污染行业会受到更多的环境约束和管制，但是地区环境规制强度对其生产效率的影响并不显著。

上述回归结果进一步说明，在不同污染密集程度的行业中，"波特假说"都成立，尤其是严重污染行业能够承受环境规制强度增加所带来的压力。此外，在方程（6.3）的其他解释变量中，rd、human、private、foreign 和 gdpper 的系数符号与统计显著性和表6.2中的结果相比，依然未发生实质性改变。值得注意的是，在严重污染行业中，变量 export 的系数为正且在1%的水平上显著。而在中度污染行业和轻度污染行业中，变量 export 的系数虽然为正但不显著。可能的原因是，与污染密集度低的行业相比，来自严重污染行业的出口企业的产品需要符合更严格的环境保护标准，这些企业因而具备更先进的生产技术和更高的企业生产率。

表 6.9　地区环境规制与企业生产率：不同污染密集度行业的比较（2SLS）

解释变量	被解释变量：企业生产效率 tfp		
	严重污染行业 （1）	中度污染行业 （2）	轻度污染行业 （3）
political	0.463	−2.521*	−0.122
	(1.224)	(1.391)	(1.137)
	[0.378]	[−1.813]	[−0.107]
regu03	1.931*	3.583***	4.453***
	(1.039)	(1.285)	(0.881)
	[1.858]	[2.789]	[5.057]
regu04	−1.204	−2.371***	−2.166***
	(0.945)	(0.700)	(0.550)
	[−1.274]	[−3.386]	[−3.942]
rd	0.469***	0.767***	0.562***
	(0.112)	(0.167)	(0.061)
	[4.191]	[4.604]	[9.196]
human	0.185***	0.232***	0.305***
	(0.046)	(0.055)	(0.040)
	[4.009]	[4.234]	[7.664]
export	8.937***	1.355	2.133
	(3.043)	(3.320)	(2.422)
	[2.937]	[0.408]	[0.881]
foreign	15.864***	16.716***	18.207***
	(4.911)	(5.482)	(3.565)
	[3.230]	[3.049]	[5.107]
private	5.368*	11.477***	11.809***
	(2.931)	(4.245)	(2.575)
	[1.832]	[2.703]	[4.586]
age	−0.049***	−0.041	−0.061
	(0.012)	(0.032)	(0.037)
	[−3.922]	[−1.291]	[−1.621]
size	−5.002***	−0.065	−1.580*
	(0.850)	(1.117)	(0.842)
	[−5.881]	[−0.058]	[−1.877]

解释变量	被解释变量：企业生产效率 tfp		
	严重污染行业 （1）	中度污染行业 （2）	轻度污染行业 （3）
gdpper	9.947 ***	8.412 ***	4.289 ***
	(1.190)	(1.431)	(0.765)
	[8.357]	[5.880]	[5.603]
Constant	−7.798	−39.307 ***	−36.130 ***
	(6.099)	(8.108)	(5.422)
	[−1.279]	[−4.848]	[−6.663]
N	3530	2694	4866
R^2	0.062	0.047	0.077
识别不足检验	556.193 (0.000)	520.066 (0.000)	586.438 (0.000)
弱工具变量检验	1059.034	971.556	1210.486

注：***、**、*分别代表1%、5%、10%的显著性水平，小括号中给出了经过 white-robust 调整的稳健标准误，中括号给出的为估计系数的 t 值。

6.5 结论

本书基于世界银行 2005 年的企业调查数据，对"波特假说"做出了实证检验，考察了环境规制强度与政治关联对企业生产效率的影响。本书主要结论如下：

（1）总体上而言，当期环境规制水平的提升能够显著降低企业生产效率，这是因为严格的环境规制会增加企业环境遵循成本减少企业的生产性支出。上一期的环境规制水平提升将显著增加企业生产效率。这说明从动态的角度看，环境规制会激发企业进行技术革新，通过"创新补偿"效应弥补环境遵循成本，最终实现企业生产效率的提升。由此可见，"波特假说"在中国依然成立，我们能够实现环境质量改善和经济效率提高的"双赢"局面。此外，研发投入比重、企业人力资本丰富程度、样本企业的所有权性质以及企业所在地区的经济发展程度等因素也是决定企业生产效率的重要因素，因此，积极发挥上述因素对企业生产率的促进作用也是实现企业可持续发展的重要保证。

（2）分地区的检验结果显示，东部地区企业的"波特假说"成立，严格的环境规制能够提升企业生产效率，而在中西部地区，企业的"波特假说"并不成立，这种区域上的差距可能源于企业创新能力的差异。在进一步区分企业所有制性质之后，"波特假说"在国有企业中并不成立，在外商投资企业和非国有企业中成立，且在外商投资企业更加显著。这可能是源于，国有企业在执行环境政策时与地方环境保护部门存在较强的"讨价还价"能力，导致其对环境规制强度并不敏感，而外商投资企业和非国有企业会面临较多的环境保护约束和监管，进而导致其对环境规制强度更加敏感。可见，考虑不同地区对于环境规制政策的实际承受能力，因地制宜地制定环境保护政策，强化环境规制政策在国有企业的实施力度，才能保证严格环境规制能够激发出企业创新活力。

（3）行业污染密集度也是影响"波特假说"成立与否的重要因素。在以废水、废气和固体废弃物三种主要污染物对行业的污染密集程度进行区分之后，笔者发现，无论是在严重污染行业中，还是在中度污染行业、轻度污染行业中，"波特假说"效应都显著成立；同时，当期环境规制强度的增加并未显著影响严重污染行业的生产效率。这说明，尽管严重污染行业会受到额外的环境约束和管制，但这些行业依然能够承受环境规制强度增加所带来的压力。总体而言，实施恰当的环境规制政策是总体上实现不同污染密集行业生产率增长和污染水平降低的可行选择之一。

（4）在中国这样的转型经济中，企业的政治关联是一种普遍存在的现象，政治关联会增加企业的寻租活动进而导致企业资源过多地配置在非生产性领域，也会为企业带来优惠的政策资源。实证结果显示，分项政治关联指标增加将显著降低企业生产效率，而总体政治关联对生产效率的影响并不显著。在进一步考察政治关联与环境规制的交互影响后，本书发现，较强政治关联减弱了当期环境规制对企业生产效率的负面作用，也减弱了上一期环境规制对于企业生产效率的正面作用。这可能是源于：较强的政治关联会弱化环境规制政策对于企业经营活动的约束力度，进而减少了企业当期环境遵循成本；而从动态决策过程看，政治关联将导致企业产生对优惠生产要素和政策资源的过度依赖，降低企业在核心能力建设与提升生产效率方面的努力。

（5）在分地区考察中，政治关联将显著提升西部地区的企业生产效率，而对中东部地区的企业生产效率影响为负但不显著。在区分企业所有权性质之后，本书进一步发现，政治关联会在一定程度上降低外商企业和非国有企业的生产效率，而对国有企业生产效率的影响为正且不显著。值得注意的是，尽管政治关联可能为企业自身的发展带来有利条件，但从整体经济层面上看，政治关联可能会降低经济资源的配置效率（余明桂等，2010）；相比之下，构建企业发展的良好制度环境才是实现经济社会可持续发展的长远选择。

需要指出的是，本书的实证研究是基于 2004 年的横截面数据展开的。近年来，随着环境保护工作的不断加强，地区环境规制对企业生产率的影响呈现出哪些变化，还有待于笔者使用新数据的进一步验证。同时，尽管本书努力控制了一系列可能对企业生产效率产生影响的因素，但不可否认的是控制企业个体的固定效应能使笔者获得更加准确的估计结果。因此，在获取世界银行新的调查数据基础上，使用面板数据模型对研究问题做出考察，也将是本书进一步的努力方向。

7. 研究结论和启示

7.1 基本结论

本书按照"什么因素影响地区环境规制、环境规制产生的经济效应是什么"这一研究思路，考察了如下三个问题：①地方官员的政绩诉求是不是导致环境污染事故频发的重要因素？②外商直接投资能否显著提升地区环境规制强度？③环境规制强度与企业生产效率的关系如何？本书得出的主要结论如下：

（1）本书第 4 章以 1992—2006 年省级面板数据为研究样本，利用固定效应泊松回归和系统 GMM 回归方法发现，在那些经济增长相对绩效越差，进而官员政绩诉求越强的地区，环境污染事故的发生次数与经济损失越多；同时，地区外商投资企业比重与污染事故次数、经济损失之间存在显著的负向关系。

（2）基于 2003—2010 年中国城市层面数据，本书第 5 章发现：①总体而言，外商直接投资能显著提升地区环境规制水平，而工业行业的物质资本密度、地方财政的盈余水平对地区环境规制存在明显的正向影响；②在环境增长绩效较好，即官员政绩诉求较弱的地区，外商直接投资对提升环境规制水平的正向促进作用越明显；③在人力资本存量越丰富的地区，外商直接投资的流入对于提升地区环境规制水平的正向作用越显著。

（3）本书第 6 章利用世界银行 2005 年的企业调查数据，考察了地区环境规制与政治关联对企业生产效率的影响。研究结论表明：①总体而言，当期环境规制水平的提升能够显著降低企业生产效率，同时，上一期的环境规制水平提升将显著增加企业生产效率；②分地区的检验结果显示，在东部地区，上一期环境规制与企业生产效率显著正相关，而这一关系在中西部地区并不成立；③区分所有制的检验显示，对于外商投资企业和非国有企业而言，上一期环境规制与企业生产效率显著正相关，对国有企业而言，这种关系并不显著；④无论行业污染密集程度如何，上一期环境规制都与企业生产效率显著正相关；⑤分项政治关联指标与企业生产效率显著负相关，而总体政治关联对生产效率的影响并不显著；与此同时，较强政治关联减弱了当期环境规制与企业生产效率之间的负向关系，也减弱了上一期环境规制与企业生产效率之间的正向关系。

7.2　研究启示

（1）进一步弱化了经济增长绩效在地方官员政绩考核体系中的作用，对于加强环境保护工作无疑具有重要作用，这为近年来的官员绩效考核体系改革提供了理论支持。无论是节能减排工作"一票否决"制，还是中央组织部开展的工作满意度民意调查，都是中央政府为打破以往官员考核"唯 GDP 论"而进行的有益探索。改革以经济增长绩效为主导的官员考核体系，弱化地方官员的政绩诉求，也将促使地方政府不断提升外资引入的质量，更加重视医疗、教育、环境保护等方面的民生支出。这对于现阶段中国经济发展方式的转变，无疑具有重要意义。

（2）整体上看，外商直接投资进入所产生的环境效应是积极有效的；同时，人力资本存量的提高将提升整个地区对 FDI 技术的消化吸收能力，增加 FDI 对于改善地区环境治理的积极作用。由此可见，中国没有成为"污染避难所"，外商直接投资的流入对于提升地区环境规制水平、改善环境质量发挥了积极作用；同时，人力资本投资对于实现经济可持续发展具有重要作用，这对于经济转型进程中的政策制定具有借鉴意义。不可否认，上述发现并不能排除一些地区的外商企业为降低环境遵循成本而"俘获"地方政府的现象，也不能排除某些地方政府为实现辖区 GDP 增长、税收增加而降低环境规制水平，并向外商投资企业提供环境政策优惠的行为。

（3）总体而言，"波特假说"在中国成立，我们能够实现环境质量改善和经济效率提升的"双赢"局面。进一步地，不同地区对环境规制政策的实际承受能力不同，因地制宜地制定环境保护政策，强化环境规制政策在国有企业的实施力度，才能保证严格环境规制能够激发出企业创新活力。高污染行业的治污工作对于整体环境质量的改善起到了至关重要的作用，而这些行业能够承受环境规制强度增加所带来的压力。

（4）企业较强政治关联弱化了环境规制政策在企业层面的实施力度，也弱化了严格环境规制对企业技术革新应有的激励作用。尽管政治关联带来了优惠的政策资源，但是政治关联会导致企业将过多资源配置在非生产领域，从而损害了企业生产效率。而从整体经济的角度看，政治关联可能会降低经济资源的配置效率，导致社会资源的分配不公（余明桂等，2010）；相比之下，建立健全良好的法律制度环境，为企业发展创造公平竞争环境，才是实现经济社会可持续发展的长远之计。

需要指出的是，本书的研究重点为对环境规制的影响因素及经济后果进行系统的理论分析和实证检验。然而由于个人研究水平有限，本书未能对相关理论进行模型化，也未能将三部分实证研究用一个一致性的理论框架进行整合，不得不说，这是本书的一个缺憾。在衡量环境规制时，本书延续了既有文献的思路。考虑到许多地方政府通过环境保护法律法规的制定实施来加强环境保护工作，因此，手工搜集各城市颁布的环境保护法律法规数量，完善地区环境规制强度的衡量指标，不失为本书下一步的研究方向。在考察环境规制的经济效应时，本书关注的是生产效率，在其他方面，如企业技术创新、出口竞争力以及经营绩效等，都可以作为进一步的研究主题。

参考文献

中文参考文献：

[1] 白重恩，杜颖娟，陶志刚，等. 地方保护主义及产业地区集中度的决定因素和变动趋势 [J]. 经济研究，2004 (4).

[2] 白雪洁，宋莹. 环境规制、技术创新与中国火电行业的效率提升 [J]. 中国工业经济，2009 (8).

[3] 蔡昉，都阳，王美艳. 经济发展方式转变与节能减排内在动力 [J]. 经济研究，2008 (6).

[4] 包群，彭水军. 经济增长与环境污染：基于面板数据的联立方程估计 [J]. 世界经济，2006 (11).

[5] 包群，吕越，陈媛媛. 外商投资与我国环境污染——基于工业行业面板数据的经验研究 [J]. 南开学报（哲学社会科学版），2010 (3).

[6] 包群，陈媛媛，宋立刚. 外商投资与东道国环境污染：存在倒 "U" 形曲线关系吗？[J]. 世界经济，2010 (1).

[7] 蔡宁，吴婧文，刘诗瑶. 环境规制与绿色工业全要素生产率——基于我国 30 个省市的实证分析 [J]. 辽宁大学学报：哲学社会科学版，2014 (1).

[8] 陈德敏，张瑞. 环境规制对中国全要素能源效率的影响——基于省际面板数据的实证检验 [J]. 经济科学，2012 (4).

[9] 陈刚. FDI 竞争、环境规制与污染避难所——对中国式分权的反思 [J]. 世界经济研究，2009 (6).

[10] 陈诗一. 中国的绿色工业革命：基于环境全要素生产率视角的解释 (1980—2008) [J]. 经济研究，2010 (11).

[11] 陈爽英，井润田，龙小宁，等. 民营企业家社会关系资本对研发投资决策影响的实证研究 [J]. 管理世界，2010 (1).

[12] 陈钊，徐彤. 走向 "为和谐而竞争"：晋升锦标赛下的中央和地方

治理模式变迁 [J]. 世界经济, 2011 (9).

[13] 崔亚飞, 刘小川. 中国省级税收竞争与环境污染——基于1998—2006年面板数据的分析 [J]. 财经研究, 2010 (4).

[14] 杜兴强, 曾泉, 杜颖洁. 政治联系对中国上市公司的R&D投资具有"挤出"效应吗? [J]. 投资研究, 2012 (5).

[15] 段润来. 中国省级政府为什么努力发展经济? [J]. 南方经济, 2009 (8).

[16] 冯天丽, 井润田. 制度环境与私营企业家政治联系意愿的实证研究 [J]. 管理世界, 2009 (8).

[17] 傅京燕, 李丽莎. 环境规制、要素禀赋与产业国际竞争力的实证研究——基于中国制造业的面板数据 [J]. 管理世界, 2010 (10).

[18] 顾国达, 牛晓婧, 张钱江. 技术壁垒对国际贸易影响的实证分析——以中日茶叶贸易为例 [J]. 国际贸易问题, 2007 (6).

[19] 顾元媛, 沈坤荣. 地方政府行为与企业研发投入——基于中国省级面板数据的实证分析 [J]. 中国工业经济, 2012 (10).

[20] 郭艳, 张群, 吴石磊. 国际贸易、环境规制与中国的技术创新 [J]. 上海经济研究, 2013 (1).

[21] 贺小刚, 张远飞, 连燕玲, 等. 政治关联与企业价值——民营企业与国有企业的比较分析 [J]. 中国工业经济, 2013 (1).

[22] 黄菁. 环境污染与城市经济增长：基于联立方程的实证分析 [J]. 财贸研究, 2010 (5).

[23] 黄顺武. 环境规制对FDI影响的经验分析：基于中国的数据 [J]. 当代财经, 2007 (5).

[24] 江雅雯, 黄燕, 徐雯. 市场化程度视角下的民营企业政治关联与研发 [J]. 科研管理, 2012, 33 (10).

[25] 郎铁柱, 钟定胜. 环境保护与可持续发展 [M]. 天津：天津大学出版社, 2005.

[26] 李勃昕, 韩先锋, 宋文飞. 环境规制是否影响了中国工业R&D创新效率 [J]. 科学学研究, 2013 (7).

[27] 李斌, 彭星, 陈柱华. 环境规制、FDI与中国治污技术创新——基于省际动态面板数据的分析 [J]. 财经研究, 2011 (10).

[28] 李斌, 彭星. 环境规制工具的空间异质效应研究——基于政府职能转变视角的空间计量分析 [J]. 产业经济研究, 2013 (6).

[29] 李春顶. 中国出口企业是否存在"生产率悖论"：基于中国制造业

企业数据的检验 [J]. 世界经济, 2010 (7).

[30] 李静, 沈伟. 环境规制对中国工业绿色生产率的影响——基于波特假说的再检验 [J]. 山西财经大学学报, 2012 (2).

[31] 李婧. 环境规制对企业技术创新效率研究 [J]. 中国经济问题, 2013 (4).

[32] 李猛. 中国环境破坏事件频发的成因与对策——基于区域间环境竞争的视角 [J]. 财贸经济, 2009 (9).

[33] 李平, 慕绣如. 波特假说的滞后性和最优环境规制强度分析——基于系统 GMM 及门槛效果的检验 [J]. 产业经济研究, 2013 (4).

[34] 李强, 聂锐. 环境规制与中国大中型企业工业生产率 [J]. 中国地质大学学报: 社会科学版, 2010 (4).

[35] 李昭华, 蒋冰冰. 欧盟玩具业环境规制对我国玩具出口的绿色壁垒效应——基于我国四类玩具出口欧盟十国的面板数据分析: 1990—2006 [J]. 经济学 (季刊), 2009, 8 (3).

[36] 李胜文, 李新春, 杨学儒. 中国的环境效率与环境管制——基于 1986—2007 年省级水平的估算 [J]. 财经研究, 2010 (2).

[37] 李树, 陈刚. 环境管制与生产率增长——以 APPCL2000 的修订为例 [J]. 经济研究, 2013 (1).

[38] 李小平, 卢现祥, 陶小琴. 环境规制强度是否影响了中国工业行业的贸易比较优势 [J]. 世界经济, 2012 (4).

[39] 梁若冰. 财政分权下的晋升激励、部门利益与土地违法 [J]. 经济学 (季刊), 2009, 9 (1).

[40] 刘凌波, 丁慧平. 乡镇工业环境保护中的地方政府行为分析 [J]. 管理世界, 2007 (11).

[41] 刘渝琳, 温怀德. 经济增长下的 FDI、环境污染损失与人力资本 [J]. 世界经济研究, 2007 (11).

[42] 陆铭, 等. 中国的大国经济发展道路 [M]. 北京: 中国大百科全书出版社, 2008.

[43] 陆菁. 国际环境规制与倒逼型产业技术升级 [J]. 国际贸易问题, 2007 (7).

[44] 陆旸. 环境规制影响了污染密集型商品的贸易比较优势吗? [J]. 经济研究, 2009 (4).

[45] 陆旸. 从开放宏观的视角看环境污染问题: 一个综述 [J]. 经济研

究，2012（2）.

［46］罗党论，唐清泉. 政治联系、社会资本与政策资源获取：来自中国民营上市公司的经验证据［J］. 世界经济，2009（7）.

［47］聂普炎，黄利. 环境规制对全要素能源生产率的影响是否存在产业异质性？［J］. 产业经济研究，2013（4）.

［48］彭可茂，席利卿，彭开丽. 环境规制对中国油料作物产出影响的研究——基于距离函数对技术效率的测度［J］. 统计与信息论坛，2012（2）.

［49］钱先航，曹廷求，李维安. 晋升压力、官员任期与城市商业银行的贷款行为［J］. 经济研究，2011（12）.

［50］沈坤荣，付文林. 税收竞争、地区博弈及其增长绩效［J］. 经济研究，2006（6）.

［51］沈能. 环境效率、行业异质性与最优规制强度——中国工业行业面板数据的非线性检验［J］. 中国工业经济，2012（3）.

［52］沈能，刘凤朝. 高强度的环境规制真能促进技术创新吗？［J］. 中国软科学，2012（4）.

［53］盛斌，吕越. 外国直接投资对中国环境的影响——来自工业行业面板数据的实证研究［J］. 中国社会科学，2012（5）.

［54］孙铮，刘凤委，李增泉. 市场化程度、政府干预与企业债务期限结构——来自我国上市公司的经验证据［J］. 经济研究，2005（5）.

［55］陶然，陆曦，苏福兵，等. 地区竞争格局演变下的中国转轨：财政激励和发展模式反思［J］. 经济研究，2009（7）.

［56］陶然，苏福兵，陆曦，等. 经济增长能够带来晋升吗？——对晋升锦标竞赛理论的逻辑挑战与省级实证重估［J］. 管理世界，2010（12）.

［57］田东文，叶科艺. 安全标准与农产品贸易：中国与主要贸易伙伴的实证研究［J］. 国际贸易问题，2007（9）.

［58］童伟伟，张建民. 环境规制能促进技术创新吗？——基于中国制造业企业数据的再检验［J］. 财经科学，2012（11）.

［59］童伟伟. 环境规制影响了中国制造业企业出口吗？［J］. 中南财经政法大学学报，2013（3）.

［60］王兵，吴延瑞，颜鹏飞. 环境管制与全要素生产率增长：APEC 的实证研究［J］. 经济研究，2008（5）.

［61］王芳芳，郝前进. 环境管制与内外资企业的选址策略差异——基于泊松回归的分析［J］. 世界经济文汇，2011（4）.

[62] 王国印，王动. 波特假说、环境规制与企业技术创新——对中东部地区的比较分析 [J]. 中国软科学，2011 (1).

[63] 王军. 理解污染避难所假说 [J]. 世界经济研究，2008 (1).

[64] 王文普. 环境规制的经济效应研究——作用机制与中国实证 [D]. 济南：山东大学，2012.

[65] 王贤彬，徐现祥. 地方官员来源、去向、任期与经济增长——来自中国省长省委书记的证据 [J]. 管理世界，2008 (3).

[66] 王贤彬，张莉，徐现祥. 辖区经济增长绩效与省长省委书记晋升 [J]. 经济社会体制比较，2011 (1).

[67] 王询，张为杰. 环境规制、产业结构与中国工业污染的区域差异——基于东、中、西部 Panel Data 的经验研究 [J]. 财经问题研究，2011 (11).

[68] 王永进，盛丹. 政治关联与企业的契约实施环境 [J]. 经济学（季刊），2012 (4).

[69] 王永钦，张晏，章元，等. 中国的大国发展道路——论分权式改革的得失 [J]. 经济研究，2007 (1).

[70] 温怀德，刘渝琳. 对外贸易、FDI 的经济增长效应与环境污染效应实证研究 [J]. 当代财经，2008 (5).

[71] 吴玉鸣. 外商直接投资对环境规制的影响 [J]. 国际贸易问题，2006 (4).

[72] 夏友富. 外商投资中国污染密集产业现状、后果及其对策研究 [J]. 管理世界，1999 (3).

[73] 解垩. 环境规制与中国工业生产率增长 [J]. 产业经济研究，2008 (1).

[74] 解振华，等. 国家环境安全战略报告 [M]. 北京：中国环境科学出版社，2005.

[75] 熊鹰，徐翔. 环境管制对中国外商直接投资的影响——基于面板数据模型的实证分析 [J]. 经济评论，2007 (2).

[76] 许冬兰，董博. 环境规制对技术效率和生产力损失的影响分析 [J]. 中国人口·资源与环境，2009 (6).

[77] 许广月，宋德勇. 中国碳排放环境库兹涅茨曲线的实证研究——基于省域面板数据 [J]. 中国工业经济，2010 (5).

[78] 许和连，邓玉萍. 外商直接投资导致了中国的环境污染吗？——基于中国省际面板数据的空间计量研究 [J]. 管理世界，2012 (2).

[79] 许士春，庄莹莹. 经济开放对环境影响的实证研究——以江苏为例

[J]. 财贸经济, 2009 (3).

[80] 杨海生, 陈少陵, 周永章. 地方政府竞争与环境政策——来自中国省份数据的证据 [J]. 南方经济, 2008 (6).

[81] 杨其静. 企业成长: 政治关联还是能力建设? [J]. 经济研究, 2011 (10).

[82] 杨瑞龙, 章泉, 周业安. 财政分权、公众偏好和环境污染——来自中国省级面板数据的证据 [D]. 北京: 中国人民大学, 2007.

[83] 杨涛. 环境规制对中国 FDI 影响的实证分析 [J]. 世界经济研究, 2003 (5).

[84] 杨万平, 袁晓玲. 对外贸易、FDI 对环境污染的影响分析——基于中国时间序列的脉冲响应函数分析: 1982—2006 [J]. 世界经济研究, 2008 (12).

[85] 应瑞瑶, 周力. 外商直接投资、工业污染与环境规制——基于中国数据的计量经济学分析 [J]. 财贸经济, 2006 (1).

[86] 余明桂, 潘红波. 政治联系、制度环境与民营企业银行贷款 [J]. 管理世界, 2008 (8).

[87] 余明桂, 回雅甫, 潘红波. 政治联系、寻租与地方政府财政补贴有效性 [J]. 经济研究, 2010 (3).

[88] 于蔚, 汪淼军, 金祥荣. 政治关联和融资约束: 信息效应与资源效应 [J]. 经济研究, 2012 (9).

[89] 曾贤刚. 环境规制、外商直接投资与"污染避难所"假说——基于中国 30 个省份面板数据的实证研究 [J]. 经济理论与经济管理, 2010 (11).

[90] 张成, 陆旸, 郭路, 等. 环境规制强度和生产技术进步 [J]. 经济研究, 2011 (2).

[91] 张成, 于同申, 郭路. 环境规制影响了中国工业的生产率吗——基于 DEA 与协整分析的实证检验 [J]. 经济理论与经济管理, 2010 (3).

[92] 张各兴, 夏大慰. 中国输配电网技术效率与全要素生产率研究——基于 2005—2009 年 24 家省级电力公司面板数据的分析 [J]. 财经研究, 2012 (10).

[93] 张晖. 官员异质性、努力扭曲与隐性激励 [J]. 中国经济问题, 2011 (5).

[94] 张杰, 李克, 刘志彪. 市场化转型与企业生产率——中国的经验研究 [J]. 经济学 (季刊), 2011, 10 (2).

[95] 张杰, 李勇, 刘志彪. 出口促进中国企业生产率提高吗? ——来自中国本土制造业企业的经验证据: 1999—2003 [J]. 管理世界, 2009 (12).

[96] 张军, 高远. 官员任期、异地流动与经济增长——来自省级经验的

证据 [J]. 经济研究, 2007 (11).

[97] 张军, 周黎安. 为增长而竞争: 中国增长的政治经济学 [M]. 上海: 上海人民出版社, 2008.

[98] 张克中, 王娟, 崔小勇. 财政分权与环境污染: 碳排放的视角 [J]. 中国工业经济, 2011 (10).

[99] 张莉, 王贤彬, 徐现祥. 财政激励、晋升激励与地方官员的土地出让行为 [J]. 中国工业经济, 2011 (4).

[100] 张连众, 朱坦, 李慕菡, 等. 贸易自由化对我国环境污染的影响分析 [J]. 南开经济研究, 2003 (3).

[101] 张三峰, 卜茂亮. 环境规制、环保投入与中国企业生产率——基于中国企业问卷数据的实证研究 [J]. 南开经济研究, 2011 (2).

[102] 张少华, 陈浪南. 经济全球化对我国环境污染影响的实证研究——基于行业面板数据 [J]. 国际贸易问题, 2009 (11).

[103] 张彦博, 郭亚军. FDI 的环境效应与我国引进外资的环境保护政策 [J]. 中国人口·资源与环境, 2009 (4).

[104] 张征宇, 朱平芳. 地方环境支出的实证研究 [J]. 经济研究, 2010 (5).

[105] 张中元, 赵国庆. 环境规制对 FDI 溢出效应的影响——来自中国市场的证据 [J]. 经济理论与经济管理, 2012 (2).

[106] 张中元, 赵国庆. FDI、环境规制与技术进步——基于中国省级数据的实证分析 [J]. 数量经济技术经济研究, 2012 (4).

[107] 章秀琴, 张敏新. 环境规制对我国环境敏感性产生出口竞争力影响的实证分析 [J]. 国际贸易问题, 2012 (5).

[108] 赵玉民, 朱方明, 贺立龙. 环境管制的界定、分类和演进研究 [J]. 中国人口·资源与环境, 2009 (6).

[109] 赵志平, 贾秀兰. 环境保护的政府行为分析及反思 [J]. 生态经济, 2005 (10).

[110] 钟昌标. 外商直接投资地区间溢出效应研究 [J]. 经济研究, 2010 (1).

[111] 周黎安. 晋升博弈中政府官员的激励与合作——兼论我国地方保护主义和重复建设问题长期存在的原因 [J]. 经济研究, 2004 (6).

[112] 周黎安. 中国地方官员的晋升锦标赛模式研究 [J]. 经济研究, 2007 (7).

[113] 周黎安, 李宏彬, 陈烨. 相对绩效考核: 中国地方官员晋升机制的一项经验研究 [J]. 经济学报, 2005 (1).

[114] 周业安，冯兴元，赵坚毅. 地方政府竞争与市场秩序的重构 [J]. 中国社会科学，2004（1）.

[115] 周昭，刘湘勤. 乡镇工业环境保护中的地方政府行为博弈分析 [J]. 经济问题探索，2008（7）.

[116] 朱平芳，张征宇，姜国麟. FDI 与环境规制：基于地方分权视角的实证研究 [J]. 经济研究，2011（6）.

英文参考文献：

[1] Allen, F., J. Qian, and M. J. Qian. Law, Finance, and Economic Growth in China [J]. Journal of Financial Economics, 2005, 77 (1): 57-116.

[2] Alpay, E., S. Buccola and Kerkvliet. Productivity Growth and Environmental Regulation in Mexican and U. S. Food Manufacturing [J]. American Journal of Agricultural Economics, 2002, 84 (4): 887-901.

[3] Ambec, S. and P. Barla. A Theoretical Foundation of the Porter Hypothesis [J]. Economic Letters, 2002, 75 (3): 355-360.

[4] Ambec, S. and P. Barla. Can Environmental Regulations be Good for Business? An Assessment of the Porter Hypothesis [J]. Energy Studies Review, 2006, 14 (2): 42-62.

[5] Anselin, L. Spatial Effects in Econometric Practice in Environmental and Resource Economics [J]. American Journal of Agricultural Economics, 2001, 83 (3): 705-710.

[6] Antweiler, W., B. R. Copeland and M. S. Taylor. Is Free Trade Good for the Environment? [J]. American Economic Review, 2001, 91 (4): 877-908.

[7] Barbera, A. J. and V. D. McConnell. The Impact of Environmental Regulations on Industry Productivity: Direct and Indirect Effects [J]. Journal of Environmental Economics and Management, 1990, 18 (1): 50-65.

[8] Berman, E. and L. T. M. Bui. Environmental Regulation and Productivity: Evidence from Oil Refineries [J]. Review of Economics and Statistics, 2001, 83 (3): 498-510.

[9] Birdsall, N. and D. Wheeler. Trade Policy and Industrial Pollution in Latin America: Where Are the Pollution Havens [J]. Journal of Environment and Development, 1993, 2 (1): 137-149.

[10] Blanchard, O. and A. Shleifer. Federalism with and without Political Centralization: China versus Russia. NBER Working paper, 2000.

[11] Bommer, R. and Schulze, G. G. Environmental Improvement with Trade Liberalization [J]. European Journal of Political Economy, 1999, 15 (4): 639-661.

[12] Boyd, G. A. and J. D. McClelland. the Impact of Environmental Constraints on Productivity Improvement in Integrated Paper Plants [J]. Journal of Environmental Economics and Management, 1999, 38 (2): 121-142.

[13] Brännlund, R. Productivity and Environmental Regulations: A Long-run Analysis of the Swedish Industry, Working Paper, http://www.jus.umu.se/digitalAssets/8/8214_ues728.pdf, 2008.

[14] Cai, H., H. Fang and L. C. Xu. Eat, Drink, Firms, Government: An Investigation of Corruption from the Entertainment and Travel Costs of Chinese Firms [J]. Journal of Law and Economics, 2011, 54 (1): 55-78.

[15] Chen, C. J. P., Z. Li, X. Su and Z. Sun. Rent-Seeking Incentives, Corporate Political Connections and Organizational Structure of Private Firms: Chinese Evidence [J]. Journal of Corporate Finance, 2011, 17 (2): 229-243.

[16] Chen, Y., H. Li and L. Zhou. Relative Performance Evaluation and the Turnover of Provincial Leaders in China [J]. Economics Letters, 2005, 88 (3): 421-425.

[17] Christmann, P. and G. Taylor. Globalization and the Environment: Determinants of Firm Self-Regulation in China [J]. Journal of International Business Studies, 2001, 32 (3): 439-458.

[18] Claessens, S., E. Feijen and L. Laeven. Political Connections and Preferential Access to Finance: The Role of Campaign Contributions [J]. Journal of Financial Economics, 2008, 88 (3): 554-580.

[19] Cole, M. A., R. J. R. Elliott and P. G. Fredriksson. Endogenous Pollution Havens: Does FDI Influence Environmental Regulations? [J]. The Scandinavian Journal of Economics, 2006, 108 (1): 157-178.

[20] Cole, M. A., R. J. R. Elliott and J. Zhang. Growth, Foreign Direct Investment, and the Environment: Evidence from Chinese Cities [J]. Journal of Regional Science, 2011, 51 (1): 121-138.

[21] Conrad, K. and D. Wastl. The Impact of Environmental regulation on Productivity in German Industries [J]. Empirical Economics, 1995, 20 (4): 615-633.

[22] Copeland, B. R. and M. S. Taylor. North-South Trade and the Environment [J]. Quarterly Journal of Economics, 1994, 109 (3): 755-787.

[23] Copeland, B. R. and M. S. Taylor. Trade and Transboundary Pollution [J]. American economic review, 1995, 85 (4): 716-737.

[24] Copeland, B. R. and M. S. Taylor. Trade, Growth, and the Environment [J]. Journal of Economic Literature, 2004, 42 (1): 7-71.

[25] Costantini, V. and S. Monni. Environment, Human Development and Economic Growth [J]. Ecological Economics, 2008, 64 (4): 867-880.

[26] Cumberland, J. H. Efficiency and Equity in Interregional Environmental Management [J]. Reviews of Regional Studies, 1981, 10 (2): 1-9.

[27] Damania, R., P. G. Fredriksson and J. A. List. Trade Liberalization, Corruption, and Environmental Policy Formation: Theory and Evidence [J]. Journal of Environmental Economics and Management, 2003, 46 (3): 490-512.

[28] Dean, J. M. Does Trade Liberalization Harm the Environment? A New Test [J]. Canadian Journal of Economic, 2000, 35 (4): 819-842.

[29] Dean, J. M., M. E. Lovely and H. Wang. Are Foreign Investors Attracted to Weak Environmental Regulation? Evaluating the Evidence from China [J]. Journal of Development Economics, 2009, 90 (1): 1-13.

[30] De Santis, R. A. and F. Stahler. Foreign Direct Investment and Environmental Taxes [J]. German Economic Review, 2009, 10 (1): 115-135.

[31] Dijkstra, B. R., A. J. Mathew and A. Mukherjee. Environmental Regulation: An Incentive for Foreign Direct Investment [J]. Review of International Economics, 2011, 19 (3): 568-578.

[32] Domazlicky, B. R. and W. L. Weber. Does Environmental Protection Lead to Slower Productivity Growth in the Chemical Industry? [J]. Environmental and Resource Economics, 2004, 28 (3): 301-324.

[33] Dong, B., J. Gong and X. Zhao. FDI and Environmental Regulation: Pollution Haven or a Race to the Top? [J]. Journal of Regulatory Economics, 2012, 41 (2): 216-237.

[34] Dowell, G., S. Hart and B. Yeung. Do Corporate Global Environmental Standards Create or Destroy Market Value? [J]. Management Science, 2000, 46 (8): 1059-1074.

[35] Drezner, D. W. Bottom Feeders [J]. Foreign Policy, 2000, 122 (1):

64-73.

[36] Dunning, J. H. International Production and the Multinational Enterprise [J]. London: Allen & Unwin, 1981.

[37] Eskeland, G. S. and A. E. Harrison. Moving to Greener Pastures? Multinational and the Pollution Haven Hypothesis [J]. Journal of Development Economics, 2003, 70 (1): 1-23.

[38] Esty, D. C. Revitalizing Environmental Federalism [J]. Michigan Law Review, 1996, 9 (5): 234-242.

[39] Esty, D. C. and D. Geradin. Market Access, Competitiveness, and Harmonization: Environmental Protection in Regional Trade Agreements [J]. Harvard Environmental Law Review, 1997, 21 (2): 265-336.

[40] Faccio, M. Politically Connected Firms [J]. American Economic Review, 2006, 96 (1): 369-386.

[41] Fan, J. P. H. and T. J. Wong. Politically Connected CEOs, Corporate Governance, and Post-IPO Performance of China's Newly Partially Privatized Firms [J]. Journal of Financial Economics, 2007, 84 (2): 330-357.

[42] Fredriksson, P. G. The Political Economy of Trade Liberalization and Environmental Policy [J]. Southern Economic Journal, 1999, 65 (3): 513-525.

[43] Fredriksson, P. G., J. A. List and D. L. Millimet. Bureaucratic Corruption, Environmental Policy and Inbound US FDI: Theory and Evidence [J]. Journal of Public Economics, 2003, 87 (7-8): 1407-1430.

[44] Gollop, F. M. and M. J. Roberts. Environmental Regulations and Productivity Growth: The Case of Fossil-fueled Electric Power Generation [J]. Journal of Political Economy, 1983, 91 (4): 654-674.

[45] Gray, W. B. The Cost of Regulation: OSHA, EPA and the Productivity Slowdown [J]. American Economic Review, 1987, 77 (5): 998-1006.

[46] Gray, W. B. and R. J. Shadbegian. Pollution Abatement Cost, Regulation and Plant-Level Productivity. NBER Working Paper No. 4994, 1995.

[47] Gray, W. B. and R. J. Shadbegian. Environmental Regulation, Investment Timing, and Technology Choice [J]. Journal of Industrial Economics, 1998, 46 (2): 235-256.

[48] Grossman, G. M. and A. B. Krueger. Environmental Impacts of a North American Free Trade Agreement. NBER Working Paper No. 3914, 1991.

[49] Grossman, G. M. and A. B. Krueger. Economic Growth and the Environment [J]. Quarterly Journal of Economics, 1995, 110 (2): 353-377.

[50] Hamamoto, M. Environmental Regulation and the Productivity of Japanese Manufacturing Industries [J]. Resource and Energy Economics, 2006, 28 (4): 299-312.

[51] He, J. Pollution Havens Hypothesis and Environmental Impacts of Foreign Direct Investment: The Case of Industrial Emission of Sulfur Dioxide in Chinese Provinces [J]. Ecological Economics, 2006, 60 (1): 228-245.

[52] Huang, Y. Managing Chinese Bureaucrats: An Institutional Economics Prospective [J]. Political Studies, 2002, 50 (1): 61-79.

[53] Jaffe, A. B. and K. Palmer. Environmental Regulation and Innovation: a Panel Data Study [J]. Review of Economics and Statistics, 1997, 79 (4): 610-619.

[54] Jaffe, A. B., S. R. Peterson, P. R. Portney and R. N. Stavins. Environmental Regulation and the Competitiveness of U. S. Manufacturing: What Does the Evidence Tell US [J]. Journal of Economics Literature, 1995, 33 (1): 132-163.

[55] Jin, H., Y. Y. Qian and B. R. Weingast. Regional Decentralization and Fiscal Incentives: Federalism, Chinese Style [J]. Journal of Public Economics, 2005, 89 (9-10): 1719-1742.

[56] Jorgenson, D. W. and P. J. Wilcoxen. Environmental Regulation and U. S. Economic Growth [J]. The RAND Journal of Economics, 1990, 21 (2): 314-340.

[57] Kayalica, M. and S. Lahiri. Strategic environmental policies in the presence of foreign direct investment [J]. Environmental and Resource Economics, 2005, 30 (1): 1-21.

[58] Keller, W. and A. Levinson. Pollution Abatement Costs and Foreign Direct Investment Inflow to U. S. States [J]. Review of Economics and Statistics, 2002, 84 (4): 691-703.

[59] Lan, J., M. Kakinaka, X. Huang. Foreign Direct Investment, Human Capital and Environmental Pollution in China [J]. Environmental and Resource Economics, 2012, 51 (2): 255-275.

[60] Lanoie, P., J. Laurent-Lucchetti, N. Johnstone and S. Ambec. Environmental Policy, Innovation and Performance: New Insights on the Porter Hypothesis

[J]. Journal of Economics & Management Strategy, 2011, 20 (3): 803-842.

[61] Lanoie, P., M. Patry and R. Lajeunesse. Environmental Regulation and Productivity: Testing the Porter Hypothesis [J]. Journal of Productivity Analysis, 2008, 30 (2): 121-128.

[62] Letchumanan, R. and F. Kodama. Reconciling the Conflict between the "Pollution - Haven" Hypothesis and an Emerging Trajectory of International Technology Transfer [J]. Research Policy, 2000, 29 (1): 59-79.

[63] Lee, M. Environmental Regulations and Market Power: the Case of the Korean Manufacturing Industries [J]. Ecological Economics, 2008, 68 (1-2): 205-209.

[64] Leiter, A. M., A. Parolini and H. Winner. Environmental Regulation and Investment: Evidence from European Industry Data [J]. Ecological Economics, 2011, 70 (4): 759-770.

[65] Li, H., L. Meng, Q. Wang and L. Zhou. Political connections, Financing and Firm Performance: Evidence from Chinese Private Firms [J]. Journal of Development Economics, 2007, 87 (2): 283-299.

[66] Liang, F. Does Foreign Direct Investment Harm the Host Country's Environment? Evidence from China. SSRN Working Paper, http://papers.ssrn.com/sol3/papers.cfm? abstract_id=1479864, 2008.

[67] Lin, L. Enforcement of Pollution Levies in China [J]. Journal of Public Economics, 2013 (98): 32-43.

[68] List, J. A. and C. Y. Co. The Effects of Environmental Regulations on Foreign Direct Investment [J]. Journal of Environmental Economics and Management, 2000, 40 (1): 1-20.

[69] Ljungwall, C. and M. Linde - Rahr. Environmental Policy and the Location of Foreign Direct Investment in China. CCER Working Paper No. E2005009, 2005.

[70] Long, N. and H. Siebert. Institutional Competition versus Ex-ante Harmonization: The Case of Environmental Policy [J]. Journal of Institutional and Theoretical Economics, 1991, 147 (2): 296-311.

[71] Lu, Y., M. Wu, and L. Yu. Is There a Pollution Haven Effect? Evidence from a Natural Experiment in China. MPRA Paper No. 38787, 2012.

[72] Ludema, R. D. and Wooton, I. Cross - Border Externalities and Trade

Liberalization: The Strategic Control of Pollution [J]. The Canadian Journal of Economics, 1994, 27 (4): 950-966.

[73] Manderson, E. and R. Kneller. Environmental Regulations, Outward FDI and Heterogeneous Firms: Are Countries Used as Pollution Havens? [J]. Environmental and Resource Economics, 2012, 51 (3): 317-352.

[74] Mani, M. and D. Wheeler. In Search of Pollution Havens? Dirty Industry in the World Economy, 1960-1995 [J]. Journal of Environment and Development, 1998, 7 (3): 215-247.

[75] Montinola, G., Y. Qian and B. R. Weingast. Federalism, Chinese Style: The Political Basis for Economic Success in China [J]. World Politics, 1995, 48 (1): 50-81.

[76] Mohr, R. D. Technical Change, External Economies, and the Porter Hypothesis [J]. Journal of Environmental Economics and Management, 2002, 43 (1): 158-168.

[77] Murphy, K. M., A. Shleifer and R. W. Vishny. Why Is Rent-Seeking So Costly to Growth? [J]. American Economic Review, 1993, 83 (2): 409-414.

[78] Murty, M. N. and S. Kumar. Win-win Opportunities and Environmental Regulation: Testing of Porter Hypothesis for Indian Manufacturing Industries [J]. Journal of Environmental Management, 2003, 67 (2): 139-144.

[79] Otsuki, T., J. Wilsont and M. Sewadeh. A Race to the Top? A Case Study of Food Safety Standards and African Exports. World Bank Policy Research Working Paper No. 2563, 2001.

[80] Porter, M. E. and C. van der Linde. Toward a New Conception of the Environment - Competitiveness Relationship [J]. Journal of Economic Perspectives, 1995, 9 (4): 97-118.

[81] Potoski, M. Clean Air Federalism: Do States Race to the Bottom? [J]. Public Administration Review, 2001, 61 (3): 335-343.

[82] Prakash, A. and M. Potoski. Investing Up: FDI and the Cross-Country Diffusion of ISO 14001 Management Systems [J]. International Studies Quarterly, 2007, 51 (3): 723-744.

[83] Qian, Y. and G. Roland. Federalism and the Soft Budget Constrain [J]. American Economic Review, 1998, 88 (3): 1143-1162.

[84] Qian, Y. and B. R. Weingast. Federalism as a Commitment to Preserving

Market Incentives [J]. Journal of Economic Perspectives, 1997, 11 (4): 83–92.

[85] Rauscher, M. Economic Growth and Tax-Competing Leviathans [J]. International Tax and Public Finance, 2005, 12 (4): 457–474.

[86] Renard, M. F. and H. Xiong. Strategic Interactions in Environmental Regulation Enforcement: Evidence from Chinese Provinces. CERDI Working Paper, http://publi.cerdi.org/ed/2012/2012. 07.pdf.

[87] Smarzynska, B. K. and S. J. Wei. Pollution Havens and Foreign Direct Investment: Dirty Secret or Popular Myth? NBER Working Paper No. 8465, 2001.

[88] Telle, K. and J. Larsson. Do Environmental Regulations Hamper Productivity Growth? How Accounting for Improvements of Plants' Environmental Performance can Change the Conclusion [J]. Ecological Economics, 2007, 61 (2 – 3): 438–445.

[89] van Beers, C. and C. J. M. van den Bergh. The Impact of Environmental Policy on Foreign Trade: Tobey Revisited with a Bilateral Flow Model. Tinbergen Institute Discussion Papers No. 00–069/3, 2000.

[90] Walter, I. and J. L. Ugelow. Environmental Policies in Developing Countries [J]. Ambio, 1979, 8 (2–3): 102–109.

[91] Wang, H. and Y. Jin. Industrial Ownership and Environmental Performance: Evidence from China [J]. Environmental and Resource Economics, 2007, 36 (3): 255–273.

[92] Wang, H., N. Mamingi, B. Laplante, and S. Dasgupta. Incomplete Enforcement of Pollution Regulation: Bargaining Power of Chinese Factories [J]. Environmental and Resource Economics, 2003, 24 (3): 245–262.

[93] Wilson, J. D. Theories of Tax Competition [J]. National Tax Journal, 1999, 52 (2): 269–304.

[94] Wu, J., Y. Deng, J. Huang, R. Morck and B. Yeung. Incentives and Outcomes: China's Environmental Policy. NBER Working Paper No. 18754, 2013.

[95] Wu, X. Pollution Havens and the Regulations of Multinationals with Asymmetric Information [J]. Contributions in Economic Analysis & Policy, 2004, 3 (2): Article 1.

[96] Xepapadeas, A. and A. Zeeuw. Environmental Policy and Competitiveness: The Porter Hypothesis and the Composition of Capital [J]. Journal of Environmental Economics and Management, 1999, 37 (2): 165–182.

[97] Xing, Y. and C. D. Kolstad. Do Lax Environmental Regulations Attract Foreign Investment? [J]. Environmental and Resource Economics, 2002, 21 (1): 1-22.

[98] Xu, C. The Fundamental Institutions of China's Reforms and Development [J]. Journal of Economic Literature, 2011, 49 (4): 1076-1151.

[99] Xu, X. International Trade and Environmental Regulation: Time Series Evidence and Cross Section Test [J]. Environmental and Resource Economics, 2000, 17 (3): 233-257.

[100] Yang, B. S. Brosig and J. Chen. Environmental Impact of Foreign vs. Domestic Capital Investment in China [J]. Journal of Agricultural Economics, 2013, 64 (1): 245-271.

[100] Yao, Y. and M. Zhang. Subnational Leaders and Economic Growth. CCER Working paper, 2012.

[101] Young, A. The Razor's Edge: Distortions and Incremental Reform in the People's Republic of China [J]. Quarterly Journal of Economics, 2000, 115 (5): 1091-1135.

[102] Zeng, K. and J. Eastin. International Economic Integration and Environmental Protection: The Case of China [J]. International Studies Quarterly, 2007, 51 (4): 971-995.

[103] Zeng, K. and J. Eastin. Do Developing Countries Invest Up? The Environmental Effects of Foreign Direct Investment from Less-Developed Countries? [J]. World Development, 2012, 40 (11): 2221-2233.

[104] Zhao, Z. and K. H. Zhang. FDI and Industrial Productivity in China: Evidence from Panel Data in 2001-2006 [J]. Review of Development Economics, 2010, 14 (3): 656-665.

[105] Zheng, S., M. E. Kahn, W. Sun and D. Luo. Incentivizing China's Urban Mayors to Mitigate Pollution Externalities: The Role of the Central Government and Public Environmentalism. NBER Working Paper No. 18872, 2013.

[106] Zhuravskaya, E. V. Incentives to Provide Local Public Goods: Fiscal Federalism, Russian Style [J]. Journal of Public Economics, 2000, 76 (3): 337-368.

后　记

　　本书是在我的博士论文基础上修改而成的。从形成初步的设想，到文献阅读和数据搜集，再到后来的文章写作、修改直至定稿，我撰写博士论文用了将近一年半的时间。这期间，充满了艰辛，也充满了乐趣。

　　回想初入经管学院的时候，我们都怀揣一种学术情结，我们一起学习三高、听讲座、讨论感兴趣的问题。在经过了一年的基础学习之后，我开始了专业课程的学习，在专业课老师的指导下，大家一起阅读经典文献，然后再一起讲解评论。在阅读文献的过程中，我发现了一个有意思的热门话题，那就是企业政治联系（或者称政治关联）。在随后的时间里，我利用手工收集的数据结合 CSMAR（国泰安）数据库中提供的上市公司数据，完成了三篇公司金融方面文章的写作。

　　在与导师讨论博士论文选题时，我们选择关注环境保护这一热点问题。对于这一选题我内心有些忐忑，毕竟自己当时对宏观层面论文的写作不甚熟悉。但导师的鼓励和对研究问题的见解，给了我将研究进行到底的信心。"万事开头难"，考虑到自己前期的文献积累，我选择了地方官员政绩诉求的角度入手，研究的第一个问题便是考察官员政绩诉求对于环境污染事故的影响，这便是后来博士论文的第 4 章。文章的初稿完成后，有幸在一次学术会议上宣讲并得到了与会老师的中肯建议和有益评论。得益于学院良好开放的学术氛围，我在一次与老师交流中偶然得知，外商直接投资产生的环境效应一直是学术界关注的热点问题而且尚未取得定论，这促使我在博士论文中对上述问题做出深入细致的考察。有了前两部分的实证研究作为基础，第三部分的研究便顺理成章，考察环境规制与政治关联对企业生产效率的影响成为我们关注的重点。

　　论文的写作过程艰辛而充实。首先是样本数据的收集问题，尤其是在官员信息的收集上，需要借助人民网、新华网等网络提供的公开信息进行仔细比对整理。其次，在实证模型的界定和内生性问题的解决上，既要参照已有的文献成果，又要考虑论文的现实需要，在与老师、同学反复讨论之后，做出最终选择。

经过四年的学习后，周围的同学各奔东西，有的进入业界，有的继续自己的学术生涯，有的在国外深造。当我完成论文时，感觉到前所未有的释然。现在想想，那些曾经的困难都不算什么，反而是一笔精神上的财富。这篇博士论文是对我四年学习生涯的检验、总结和交代。我相信天道酬勤，对每个人而言，付出总会有回报。

于文超

2014 年 4 月于致知园

致　谢

　　不知不觉中，我的学生时代即将结束。回想起论文写作最煎熬的日子，我无数次设想在论文定稿之后会是一种怎样的心情。在这个寂静的夜里，我长舒一口气，回顾着过往日子的点滴，以最真挚的谢意来表达我对诸位老师和同学的感激之情。

　　首先要感谢我的博士生导师何勤英老师。从三年之前我做助研开始，何老师便悉心指导我的学业。回想起自己写作的第一篇文章，何老师一遍一遍地帮助我修改润色。从这种互动中，我不仅学习到了论文写作的思路和技巧，也从老师身上学到了严谨专业的治学精神。在随后的日子里，我在与何老师良好的学术合作中不断成熟。在博士论文的选题和写作过程中，何老师倾注了大量精力和心血，提出了很多宝贵的修改意见。在我找工作的日子里，何老师也时刻关心我的状况和进展，给我提供了很多帮助。

　　其次，我还要感谢给予我无私支持和帮助的众多优秀老师。经管学院袁燕老师、荣昭老师以及清华大学社会学系郑路老师在论文开题之时，提出的诸多建设性意见，给予我莫大启发和帮助，为论文研究的深入进行奠定了基础。翁祉泉老师、张进老师、舒艳老师在论文写作过程中提供了诸多帮助和见解，令我受益匪浅。杜在超老师和加拿大滑铁卢大学徐定海老师，在我学业上给予的莫大支持和鼓励，令我终生难忘。工商管理学院何永芳老师在我硕士学习期间，对我的谆谆教导和深切关怀，让我铭记在心。郭建南老师、张林老师、李涵老师、黄霖老师、吴昱老师、张岚老师所讲授的基础课程和专业课程，不仅使我受到了严谨的专业训练，也让我领略了经济学的独特魅力。

　　同时，我还要感谢武汉大学彭爽、代谦两位老师以及四川师范大学商学院余丽霞老师，他们在科研工作中的严谨态度和丰富经验，给我留下了深刻印象。感谢石东伟、陶洪亮、申宇等师兄，他们在我学习生活中提供了无私帮助，对于我遇到的疑问总是耐心解答。感谢我身边的博士兄弟姐妹们，跟他们在一起的这四年，给我留下了太多美好回忆。

最后，感谢我的家人，他们含辛茹苦地供我读书，他们始终如一的支持给了我积极进取的动力。感谢我的女朋友蔡雪林对我的帮助和陪伴，她的喜怒哀乐是我博士学习生活的最好注解。

于文超

2014 年 4 月